云南省

YUNNAN SHENG
MUCAO BINGHAI TUPU

牧草病害图谱

李彦忠　史　敏　南志标　张美艳　薛世明　钟　声◎著

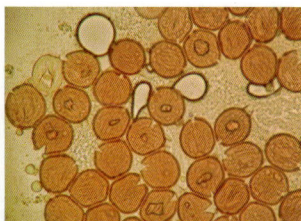

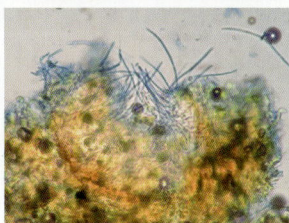

中国农业出版社

北　京

图书在版编目（CIP）数据

云南省牧草病害图谱 / 李彦忠等著. -- 北京 : 中国农业出版社, 2025. 8. -- ISBN 978-7-109-33441-0

Ⅰ. S435.4-64

中国国家版本馆CIP数据核字第20259DU872号

中国农业出版社出版

地址：北京市朝阳区麦子店街18号楼

邮编：100125

责任编辑：张艳晶

版式设计：田晓宁　　责任校对：吴丽婷　　责任印制：王　宏

印刷：北京缤索印刷有限公司

版次：2025年8月第1版

印次：2025年8月北京第1次印刷

发行：新华书店北京发行所

开本：720mm×960mm　1/16

印张：11

字数：185千字

定价：132.00元

前 言
FOREWORD

　　每当人们谈起中国生物多样性最丰富的地方，无疑都有一个共识，那就是云南，因为"植物王国"和"动物王国"之美称已成为云南的名片，享誉世界。鉴于云南省的生物多样性在全球具有特色，不少国际生物多样性大会在云南昆明召开。如 2021 年 10 月 11—24 日召开的《生物多样性公约》第十五次缔约方大会，通过了《昆明宣言》；第三届国际农业生物多样性大会也于 2025 年 5 月在云南昆明举行。

　　云南省独特的气候和地理条件决定了云南省丰富的生物多样性。云南省大部分地区属于亚热带气候，如中部的昆明四季如春，被称为"春城"，而红河河谷地带等南部部分地区属于热带气候，全年如夏。全省高温季节平均气温在 20~23℃，最冷月平均气温 7~11℃；云南省降水量较大，大部分地区年平均降水量在 900mm，最少也有 547mm。云南山岭纵横，山高谷深，德钦梅里雪山的海拔最高，红河河口最低，落差近 6 000m，气候随海拔变化多样，形成了"一山有四季，十里不同天"的气候现象。云南省江河众多，分属长江、珠江、红河等六大水系，最著名的河流有金沙江、怒江和澜沧江，在滇西北迪庆藏族自治州维西县"三江并流"，蔚为壮观。"一方水土养一方人"，云南的"水土"孕育了众多的植物和动物。云南省的面积虽仅占我国国土面积的 4%，但野生植物和野生动物资源分别占全国的 48.01% 和 56.27%。云南也是微生物的天堂，《中国真菌志》记录了 9 514 种真菌，其中，以"云南"命名和在云南记录的有 2 470 种，数量居全国之首。云南省风景秀丽，动植物多样，加之民族众多，文化丰富，成为全国旅游第一大省。

　　然而，云南"动植物王国"中有一些有害生物或寄生植物，其中，植物的有害生物包括病原生物、害虫、杂草、啮齿类动物等，尤以病、虫、草为主，从这个角度来说，云南也是"植物病虫草害的王国"。云南地处边境，与缅甸、老挝、越南接壤，边境线长4 060 km，周边国家的一些植物的有害生物自然扩散或由人为携带传入我国，使得云南成为我国外来生物入侵的"重灾区"，如紫茎泽兰、薇甘菊、草地贪夜蛾等恶性杂草和危险性害虫均由云南入侵。云南省的外来入侵物种总数居全国之首，2019年公布的云南外来入侵物种有441种。

　　乡村振兴，重在农业、农村和农民，畜牧业是农业结构的重要组成部分，而草业是畜牧业的上游产业，因此，草业对农民增收、农业结构调整、生态建设和社会稳定均具有重要地位和作用。云南具有良好的水热资源，草类植物丰富，发展草产业，提高畜牧产业发展水平，不仅有助于提高我国食物结构中肉、奶等动物性食物的比例，树立"大食物观"，而且能促进云南旅游环境改善，践行"绿水青山就是金山银山""山水林田湖草是生命共同体"的科学论断。

　　实际上，种好草也不是一件容易的事情，牧草与蔬菜、果树、粮食作物、经济作物一样，病虫草害众多，尤其在温暖和湿润的云南，不仅病虫草害种类多，而且危害比北方地区更加严重。据联合国粮食及农业组织报告，植物的有害生物通常导致15%~30%的减产，严重时可导致绝收。对于收获植物茎叶的牧草来说，发生病害还会产生真菌毒素、次生代谢产物等对家畜健康有害的物质，造成的损失更大。只有查明病害种类、分布、危害程度，方可有的放矢，实施有效防控，减少损失，提高种草的经济效益，给家畜提供优质的饲草。然而，我国对牧草病害的研究不够全面和深入，对云南省的牧草病害研究更少，为此，2013年云南省草地动物科学研究院依托"云南省高端科技引进人才"项目，邀请南志标院士开展云南省牧草病害调查研究，2019年又设立了"云南省南志标院士工作站"，继续开展此项工作。

　　我们在云南省栽培草地和天然草地开展了5次病害调查，调查地区覆盖滇东、滇西、滇南、滇北和滇中，包括德宏傣族景颇族自治州、楚雄彝族自治州、迪庆藏族自治州、文山壮族苗族自治州、昆明市、曲靖市、保山市、玉溪市、景洪市、普洱市，共10个州（市），选择了47个调查点开展病害调查，并采集了标本，在实验室进行病原物的显微镜下观察，大部分进行了病原物的分离培养、致病性测定和分子生物学鉴定。

书中有关内容说明如下：

第一，本书中一些草种的中文名称选用了当地熟知的俗名，例如，"玉蜀黍"指"玉米"，"红车轴草"俗称"红三叶"，"白车轴草"俗称"白三叶"，"驴食草"俗称"红豆草"，"斜茎黄耆"俗称"直立黄芪"，别名为"沙打旺"，"长柔毛野豌豆"俗称"毛苕子"。

第二，由于这项工作跨度十余年，有的地名可能发生了变化，但仍用调查时的地名。

第三，本书记录的牧草病害仅是云南省的部分，而不是全部，因为病害发生有季节性和区域性，大部分地点仅调查过一次。

第四，相对于牧草病害，大部分从事牧草生产和管理的人员更多关注牧草害虫，为此，本书也以附录的形式介绍了几种牧草害虫。

本书的完成离不开很多人付出的时间、汗水和心血，在此一并致谢。

南志标院士时常询问工作进展情况，推动了我们的工作按期实施。

云南省草地动物科学研究院原院长黄必志研究员十分关心这项工作，安排组织本院多人参与此项工作之中。

薛世明研究员对云南的草地和牧草如数家珍，且与各地草原草业部门的同志亲如弟兄，多次调查都是他陪同引领我们，不辞辛劳。

所有调查都是张美艳副研究员安排住宿和车辆，考虑周到，既保障了行车安全，也保障了调查任务的完成。

钟声研究员是植物通，随时随地手把一个放大镜，一见到植物就用它仔细观察植物的特征，有时拿着照相机对着植物拍照。每次调查只要有他的陪同，心里格外踏实，他风趣幽默，如果我们奔驰的车里传出爽朗的笑声，肯定是他在讲故事。

廖祥龙研究员和李世平副研究员也多次陪同调查，帮助我们采集标本。

无论野外调查，还是室内研究和结果汇总，每一次每一步，都少不了我。

另外，参与了野外调查和标本采集的还有：甘肃农业职业技术学院高峰副教授，博士或硕士研究生史敏、张梨梨、徐杉、刘慧、陈明君、郑明珠，科研助理安俊霞，参与了部分室内研究工作的博士或硕士研究生有李芳、党淑钟、罗庭、喻军强、杨波、曹选莉，书稿撰稿工作由我和史敏完成。

每到一地，当地农业农村局、畜牧兽医局、畜牧工作站、饲草饲料站、科研部门、农业企业的同志在百忙中为我们带路，讲解草地管理情况，也介绍风土人情和地方美食，每次到各地调查，都能感受到他们的热情好客，也体会到他们对草业的无限热爱。本书附件2中有以上部分人员的照片，姓名和单位不在此赘述。

本书编写出版的资助项目有：国家重点研发计划项目"天然草原重要病虫害演替规律与全程绿色防控技术体系集成示范"课题三（2022YFD1401103）、国家自然科学基金国际（地区）合作与交流项目"种传真菌与植物的共生对二者物种多样性、遗传多样性和功能多样性的影响"（32061123004）、财政部和农业农村部"国家现代农业产业技术体系"（CARS-34）、云南省高端科技人才引进项目（2012HA012）、云南省南志标院士工作站（2018IC074）。

千辛万苦，也难免出现疏漏，敬请指正。

李彦忠

2025年6月

目 录
CONTENTS

3 云南省天然草地植物病害 ·················· 115

云南省的天然草地植物及其病害概述 ·················· 115

1 云南省栽培禾本科牧草病害

云南省的栽培禾本科牧草及其病害概述

云南省栽培最多的牧草多为禾本科植物，但不同地区栽培的草种不同，即各地区栽培的禾草特色鲜明，如象草（*Pennisetum purpureum* Schum.）、王草（*Pennisetum purpureum* × *P. glaucum*）主要种植于德宏傣族景颇族自治州等云南西部、西南部和南部热区，多年生黑麦草（*Lolium perenne* L.）、多花黑麦草（一年生黑麦草）（*Lolium multiflorum* L.）、黑麦（*Secale cereale* L.）、小黑麦（*Triticum* × *Secale*）、燕麦（*Avena sativa* L.）、玉米（*Zea mays* L.）等主要种植于腾冲、曲靖、昆明等云南中东部，鸭茅（*Dactylis glomerata* L.）多种植于香格里拉等云南北部地区，非洲狗尾草（*Setaria sphacelata* Stapf ex Massey）、伏生臂形草（*Brachiaria decumbens* Stapf.）、狗牙根 [*Cynodon dactylon* (L.) Pers.] 多种植于腾冲市、普洱市、景洪市等云南中部和南部的人工建植放牧草地上，苏丹草 [*Sorghum sudanense* (Pipes) Stapf.] 仅见一块地种植，而饲用玉米的种植范围最广，在多地均有栽培。多个地区的牧草试验基地中种植的草种较多，但面积较小。因云南省多山的地形所限，各地的禾草田多呈斑斑点点。云南省发生最普遍的栽培禾草病害为锈病，也是危害最重的一类病害，尽管其他病害中的有一些病害发病率较高，但均危害较轻。

1.1 黑麦草冠锈病

分布

凡种植多年生黑麦草、多花黑麦草（一年生黑麦草）的地区均普遍发生冠锈病，如昆明、曲靖、寻甸、宣威、会泽、罗平、陆良、路南、大理、巍山、保山、楚雄和双柏等地均有发生，该病为云南省黑麦草最主要的病害。在云南省种羊场（图1-1），2019年秋季多花黑麦草（品种为冬牧70）植株发病率为100%，叶片发病率为86.67%；在多年生黑麦草与白三叶草混播的放牧草地上（图1-2），多年生黑麦草的发病率为40%。

图1-1 云南省种羊场栽培的多花黑麦草的收割田

图1-2 云南省种羊场黑麦草和白三叶草混播建植的放牧草地

症状

本病主要侵染叶片，其次为叶鞘、茎和穗部。叶片背面的病斑量多于叶片正面。病斑初为圆形、红褐色的小点，后隆起，为病菌的夏孢子堆，破裂后散出橙黄色、红褐色或铁锈色的粉末，即夏孢子堆（图1-3）。夏孢子堆周围变黑，形成冬孢子堆。病斑周围褪绿变黄，病斑密集时导致叶片干枯（图1-4）。

图1-3 一年生黑麦草冠锈病的症状

图1-4 多年生黑麦草冠锈病导致叶片干枯

病原

禾冠柄锈菌（*Puccinia coronate* Corda），夏孢子堆生于叶片正面，圆形或椭圆形，橘黄色，大小为（25～42）μm×（28～51）μm（图1-5）。

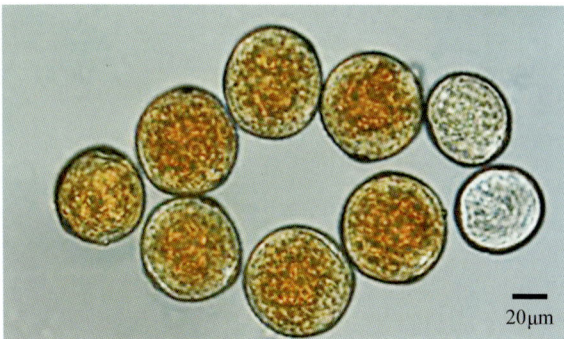

20μm

图1-5 一年生黑麦草冠锈病的病原

蜡叶标本

YN19017、YN19191、YN19196、YN19319和YN20501。

1.2 黑麦草叶枯病

分布

黑麦草叶枯病在云南省种植黑麦草的地区均有发生，在位于曲靖市马龙县马鸣镇的云南省草地动物科学研究院的试验基地，2019年秋季时黑麦草植株的发病率为60%，叶片发病率为40%。

症状

叶片上病斑起初为褪绿小点，周围褪绿变黄，形成梭形病斑，后病斑逐渐扩大，呈不规则形淡褐色大斑，导致叶枯（图1-6），也可引致根腐。

图1-6 黑麦草叶枯病的症状

病原

病原为麦根腐离蠕孢[*Bipolaris sorokiniana* (Sacc.) Shoemaker]，容易分离培养，在PDA培养基上第4天时菌落直径约为2 cm，菌落正面和背面均为灰黑色，边缘呈不规则（图1-7A）。分生孢子梗单生，褐色，基细胞膨大，内有深褐色隔膜，大小为（50～155）μm×（8～11）μm；分生孢子椭圆形，褐色，两端狭窄，钝圆，弯曲或直立，有2～6个隔膜，分生孢子一端有明显的褐色脐点，大小为（35～47）μm×（15～24）μm（图1-7B）。

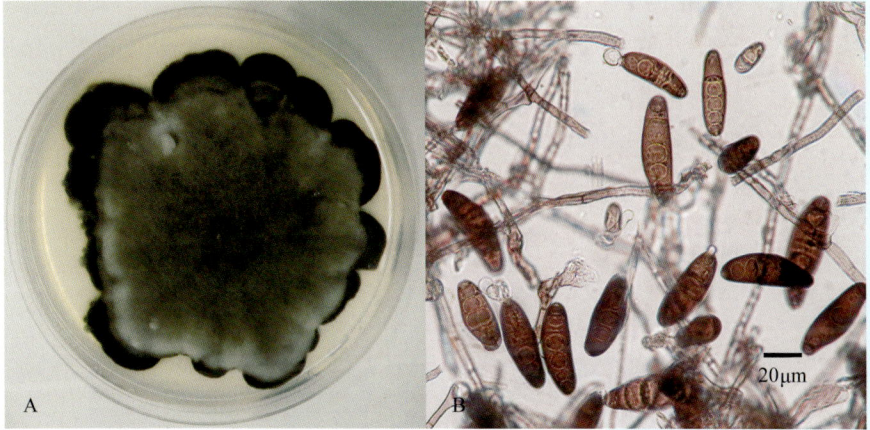

图1-7　黑麦草叶枯病的病原
A.菌落　B.分生孢子梗和分生孢子

蜡叶标本

　　YN19107。

1.3 小黑麦冠锈病

分布

    小黑麦是由小麦属（*Triticum*）中的普通小麦（*T. aestivum*）与黑麦属的黑麦（*Secale cereale*）远缘杂交，以及染色体数加倍选育而成的物种，英文名为triticale，由于为属间杂交种，故可用 × *Triticosecale* Wittmack 为其学名。小黑麦与毛苕子混播，两种草均生长良好（图1-8）。小黑麦冠锈病在曲靖市马龙县等地种植小黑麦的地区均有发生，2019年秋季时小黑麦植株的发病率达100%，叶片发病率达80%。

图1-8　小黑麦与毛苕子混播草地

症状

    病斑初期为椭圆形、橘黄色隆起的小疱（图1-9），在一些植株上病斑周围有明显的黄色晕圈，小疱破裂后散出黄褐色粉末，即夏孢子堆（图1-10）。发病叶片逐渐褪绿变黄，最后干枯。

图1-9 小黑麦冠锈病的症状

图1-10 小黑麦冠锈病的症状

病原

病原为禾冠柄锈菌（*Puccinia coronate* Corda），夏孢子圆形，黄色，表面有细刺，大小为（15～32）μm×（16～29）μm（图1-11）。

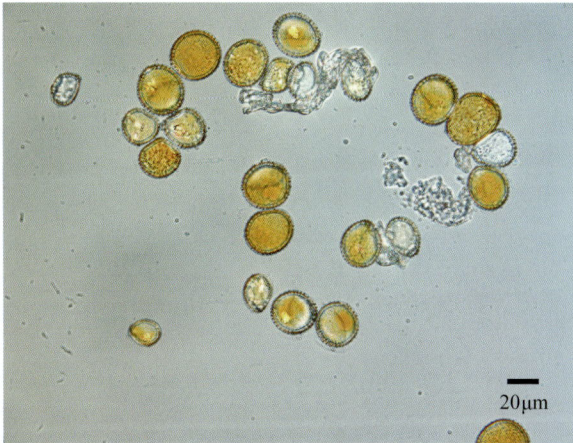

20μm

图1-11 小黑麦冠锈病的病原（夏孢子）

蜡叶标本

YN20501、YN20486和YN19315。

1.4　黑麦叶锈病

分布

在调查中黑麦仅在云南省草地动物科学研究院马龙试验基地有种植，在该地，黑麦叶锈病的植株发病率为30%，叶片发病率为30%~40%。

症状

黑麦叶锈病主要发生在叶片上，最初出现黄褐色小点，后小点增大隆起（图1-12），破裂后散出红褐色和黑褐色的粉末，红褐色粉末为病菌的夏孢子堆（图1-13），黑褐色粉末为病菌的冬孢子堆。当病斑汇合并布满整个叶片时，叶片干枯。

图1-12　黑麦叶锈病的症状

图1-13　黑麦叶锈病的夏孢子堆

病原

经分子鉴定确认，黑麦叶锈病的病菌与小黑麦冠锈病的病菌相同，即为禾冠柄锈菌（*Puccinia coronate* Corda）（图1-14）。

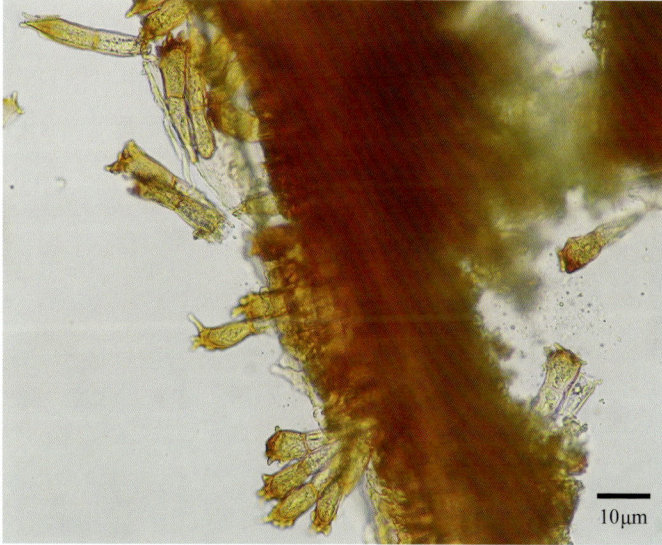

图1-14 黑麦叶锈病的病原（冬孢子）

蜡叶标本

YN20497。

1.5 燕麦锈病

分布

　　燕麦在云南省德宏傣族景颇族自治州芒市、曲靖市马龙县等试验地均有种植。燕麦锈病在芒市零星发生，发病率为30%（图1-15）；在马龙县植株发病率为100%，叶片发病率为43.33%，导致大量叶片干枯（图1-16）。

图1-15　芒市种植的燕麦

图1-16　马龙县种植的燕麦

症状

　　燕麦锈病在叶片上的斑点由圆形小点至开裂的斑，表皮破裂后散出黄褐色粉末，即病菌的夏孢子堆（图1-17），发病严重时可导致叶片变黄、干枯（图1-18）。

图1-17　燕麦锈病的夏孢子堆

图1-18　燕麦锈病的症状

病原

经分子鉴定确认，燕麦锈病的病原为禾冠柄锈菌（*Puccinia coronate Corda*），夏孢子堆橙黄色（图1-19），突破表皮后裸露在叶片表面，夏孢子球形，孢子表面光滑，橙黄色，大小为（7～35）μm×（20～24）μm；冬孢子棍棒形，淡褐色，大小为（40～55）μm×（5～12）μm，顶上有指状突起3～5个，下部较上部窄，隔膜处缢缩不明显（图1-20）。

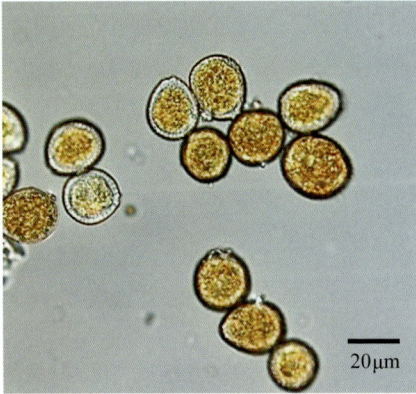

图1-19　燕麦锈菌的病原（夏孢子堆）

图1-20　燕麦锈菌的病原（冬孢子）

蜡叶标本

YN19317、YN20492。

1.6 燕麦红叶病——云南省新记录病害

分布

燕麦红叶病在文山壮族苗族自治州砚山县阿舍乡黑巴村和德宏傣族景颇族自治州等燕麦种植地均有发生，在德宏燕麦种植基地调查中，该病在苗期的发病率最高，达70%，其他地区的发病率为10%～25%。

症状

燕麦红叶病最初出现在叶尖或叶缘，由绿色变为紫红色或红色，逐渐向下扩展成红绿相间的条纹或斑驳，病叶变厚、变硬，后期叶片橘红色，叶鞘紫色，提早干枯、卷曲（图1-21），病株有不同程度的矮化。在同一株上，一些叶片发病，而另一些叶片健康（图1-22）。

图1-21 燕麦红叶病的症状

图1-22　发生燕麦红叶病的病叶和健康叶片

病原

　　燕麦红叶病的病原为大麦黄矮病毒（Barley yellow dwarf virus，BYDV），云南省尚未记载此病，故为云南省新记录病害。

蜡叶标本

　　YN19290。

1.7 扁穗雀麦散黑穗病——云南省新记录病害

分布

　　扁穗雀麦（*Bromus catharticus* Vahl.）在云南省少有种植，调查中仅见于寻甸回族彝族自治县国家级重点种畜禽场。扁穗雀麦散黑穗病在该地的植株发病率为40%。

症状

　　本病仅危害果穗，而在叶片上无症状，同一果穗的全部或部分小穗膨大、变黑，表面包被白色薄膜（图1-23），包膜破裂后散出黑色粉末（图1-24）。

图1-24　发生散黑穗病的扁穗雀麦的果穗颖壳及黑色粉状物

图1-23　扁穗雀麦散黑穗病的症状

病原

扁穗雀麦散黑穗病的病原为雀麦黑粉菌（*Ustilago bullata* Berk.），冬孢子单胞，球形，黄褐色，壁上有细刺，直径4～9 μm（图1-25）。文献记载该病仅在吉林省等东北地区发生（郭林，2000；南志标和李春杰，1994），而无云南省发生的报道，故该病为云南省新记录病害。

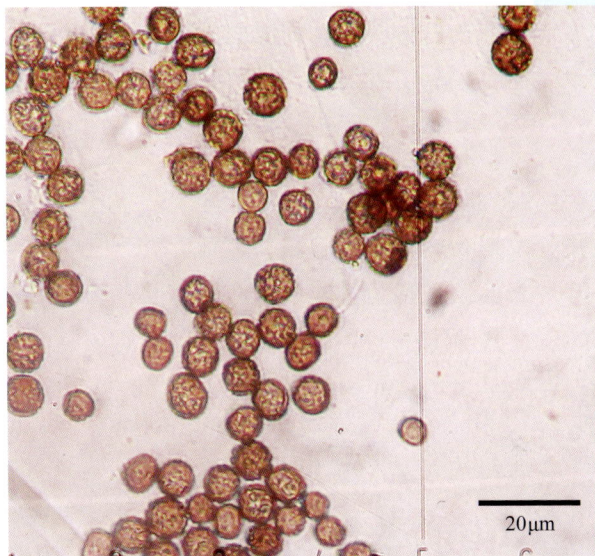

图1-25　扁穗雀麦散黑穗病的病原（冬孢子）

蜡叶标本

YN19009。

1.8 扁穗雀麦白粉病——中国新记录病害

分布

扁穗雀麦白粉病在云南省寻甸回族彝族自治县国家级重点种畜禽场、腾冲市界头镇界明村和曲靖市沾益区等扁穗雀麦种植地区均有发生，从苗期至成株期均可发生，且发病率逐渐增加，在拔节期和抽穗期植株的发病率通常为100%。

症状

扁穗雀麦白粉病在植株的地上所有组织部位均可发生，在叶片上最明显，叶片表面出现稀疏的霉层，白色丝状、粉状（图1-26、图1-27），为病菌的表生菌丝体和无性孢子（粉孢子），霉层逐渐扩大、加厚、变浓密，出现黄色至黑色颗粒物，即病菌的闭囊壳。受害部位褪绿变黄，叶片逐渐干枯。

图1-26 扁穗雀麦白粉病的症状

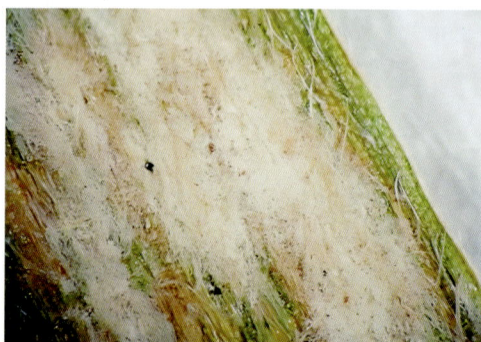

图1-27 扁穗雀麦白粉病菌的丝状物和粉状物

病原

扁穗雀麦白粉病的病原为禾本科布氏白粉菌[*Blumeria graminis* (DC.) Speer]，粉孢子串生，圆柱形，无色透明，大小为（5~7）μm×（12~16）μm（图1-28）；闭囊壳扁球形，138~268 μm，闭囊壳的附属丝密集分布于闭囊壳周围，短小，子囊近椭圆形，闭囊壳中的子囊孢子卵形，大小为14 μm× 23 μm。

《中国真菌志》中曾记载在江苏南京和新疆阿勒泰、塔城的雀麦（*Bromus japonicus*）和雀麦属一未定种（*Bromus* sp.）白粉病的无性态（*Oidium*）和有性态（*Blumeria graminis*），而无扁穗雀麦白粉病的记录。《中国草类植物真菌病害名录》和其他文献中未记载扁穗雀麦白粉病，故该病害为中国新记录病害。

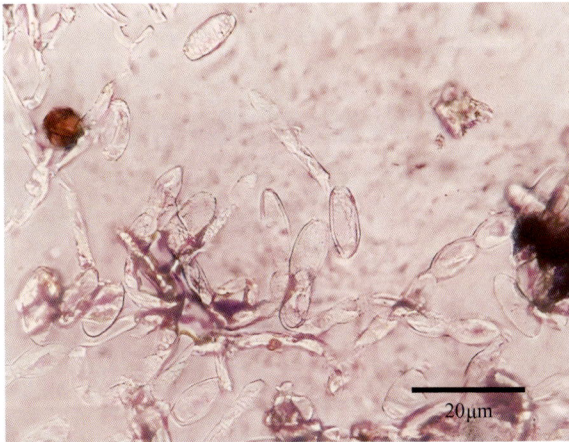

图1-28　扁穗雀麦白粉病菌的病原（分生孢子梗和分生孢子）

蜡叶标本

YN19010、YN20479。

1.9 鸭茅锈病——云南省新记录病害

分布

鸭茅（*Dactylis glomerata* L.）在云南省西北部的迪庆藏族自治州香格里拉南部到普洱市，西部德宏傣族景颇族自治州的盈江县到东部曲靖市的马龙县均有种植，是云南省种植范围最广的牧草之一。鸭茅锈病在整个生长季节均有发生，通常情况下植株的发病率为90%左右，叶片发病率多高于70%（图1-29）。

图1-29 2013年香格里拉种植的鸭茅草地（伴生其他当地植物种类）

症状

鸭茅锈病主要危害叶片，病斑由小点发展为隆起的黄褐色圆斑，后呈梭形（图1-30），隆起结构破裂后散出红褐色（夏孢子堆）（图1-31）至黑褐色的粉末（冬孢子堆），当病斑汇合并布满整个叶片时，叶片很快干枯。

图1-30　鸭茅锈病的症状

图1-31　体视显微镜下观察到的鸭茅锈病的夏孢子堆及
　　　　夏孢子

病原

  经分子鉴定确认，鸭茅锈病的病原为禾柄锈菌（*Puccinia graminis*）。此菌的夏孢子单胞，黄褐色，球形或椭圆形，表面有刺，大小为（14～17）μm×（10～13）μm（图1-32）；冬孢子褐色，双胞，表面光滑，长椭圆形，顶部圆形有隆起，顶壁厚3～7 μm，中间有一个隔膜，分隔处有缢缩，侧壁厚1～2 μm，大小为（27～36）μm×（12～15）μm；冬孢子柄淡褐色至褐色，与冬孢子等长或略长，17～27 μm（图1-33）。

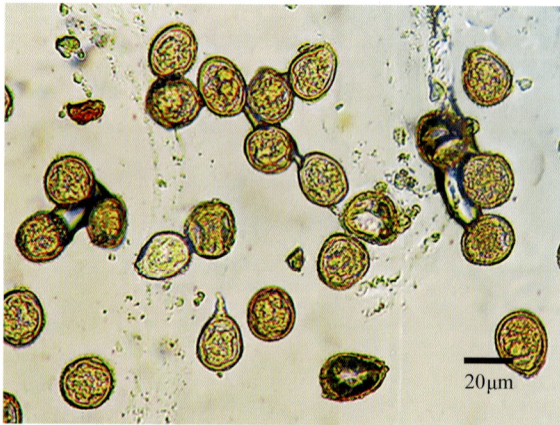

图1-32　鸭茅锈病的病原（夏孢子）

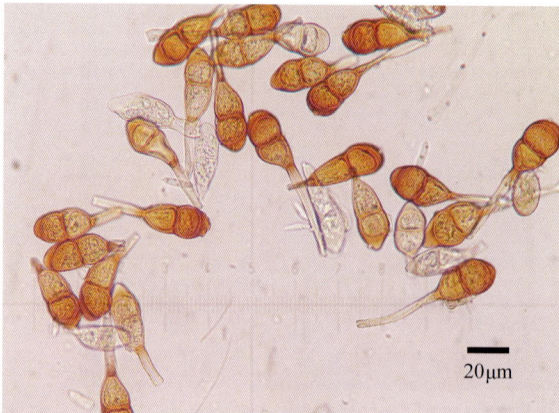

图1-33　鸭茅锈病的病原（冬孢子）

《中国真菌志》中鸭茅上记录的柄锈菌有两种，均发生于新疆，一种为条形柄锈菌鸭茅变种（*Puccinia striiformis* Wesendrop var. *dactylis* Manners），另一种为隐匿柄锈菌（*Puccinia recondita* Roberge ex Desmazières）（赵震宇和李春杰，2014；庄剑云，2005）。《中国真菌志》中的锈菌第5卷中未记载云南发生鸭茅锈病及其病原，记载了云南、西藏、新疆发生的鸭茅叶锈病的病原为（*Puccinia recondita* Rob. et. Desm），西藏、新疆发生的鸭茅条锈病的病原为（*Puccinia striiformis* West var. *dactylis* Mann.）（南志标和李春杰，1994）。此菌的冬孢子大于条形柄锈菌鸭茅变种（*Puccinia striiformis* Wesendrop var. *dactylis* Manners）的冬孢子。综上所述，根据孢子堆在叶片上的分布特征，云南发生在鸭茅上的锈病应该为叶锈病（病斑散落，与成行分布的条锈病不同），孢子形状和大小与禾柄锈菌相同，鉴定为此菌，故由此菌引致的鸭茅锈病在云南为首次报道，此病为云南省新记录病害。

蜡叶标本

YN19323、YN20503、YN13604和YN19110。

1.10 鸭茅条黑粉病——云南省新记录病害

分布

鸭茅条黑粉病在鸭茅种植地区偶有发生，2013年时，云南省草地动物科学研究院在小哨的牧草基地中鸭茅条黑粉病植株发病率低于1%。

症状

鸭茅条黑粉病沿叶脉方向出现一条或多条平行黑色隆起的线（图1-34），破裂后散出黑色粉末（图1-35），有的叶片上的黑色隆起断断续续而不连续（图1-36）。

图1-34 鸭茅条黑粉病的症状（条状隆起）

图1-35 鸭茅条黑粉病的症状（体视显微镜下特写）

图1-36　鸭茅条黑粉病叶片上黑色隆起不连续

病原

鸭茅条黑粉病的病原为[*Ustilago striiformis*（Westend.）Niessl]，冬孢子呈球形、浅褐色，大小为（3～5）μm×（4～7）μm（图1-37）。文献表明，此病仅在新疆发生过（郭林，2000；南志标和李春杰，1994），故此病为云南省新记录病害。

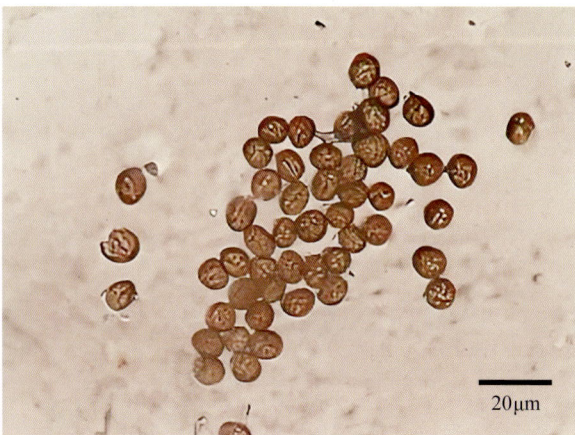

20μm

图1-37　鸭茅条黑粉病的病原（冬孢子）

蜡叶标本

YN19115、YN13602。

1.11 鸭茅褐斑病——世界新病害

分布

鸭茅主要分布在云南省保山市腾冲市，曲靖市沾益区、马龙县，楚雄州大姚县，文山壮族苗族自治州砚山县和云南小哨云南省草地动物科学研究院（牧草种植基地）。鸭茅褐斑病在鸭茅种植区均有分布，该病植株发病率达到60%，叶片发生率为40%。

症状

鸭茅褐斑病在叶片两面均出现圆形黑色小点，周围产生褪绿黄褐色晕圈，后扩大为圆形斑，有灰白色的霉层（图1-38）。

图1-38　鸭茅褐斑病的症状

病原

鸭茅褐斑病的病原为短蠕孢属真菌（*Brachysporium* sp. Sacc.），分生孢子梗短，直立；分生孢子无色，卵圆形，有3～4个隔膜，大小为（8～

12）μm×（3～4）μm（图1-39和图1-40）。

该菌与文献描述的短蠕孢属相符（巴尼特 等，1972）。在芦苇上芦苇短蠕孢（*Brachysporium phrgmitis*）引致芦苇叶枯病（陆家云，2001），发生于新疆、河北、四川等地（南志标和李春杰，1994）。1920年报道该病原引致意大利白三叶的枯萎病（Review B，1920），国内由三叶草短蠕孢（*Brachysporium trifolii*）引致的三叶草叶斑病，发生于四川省（南志标和李春杰，1994），但国内外均无鸭茅上发生此属真菌的报道，故为世界新病害。

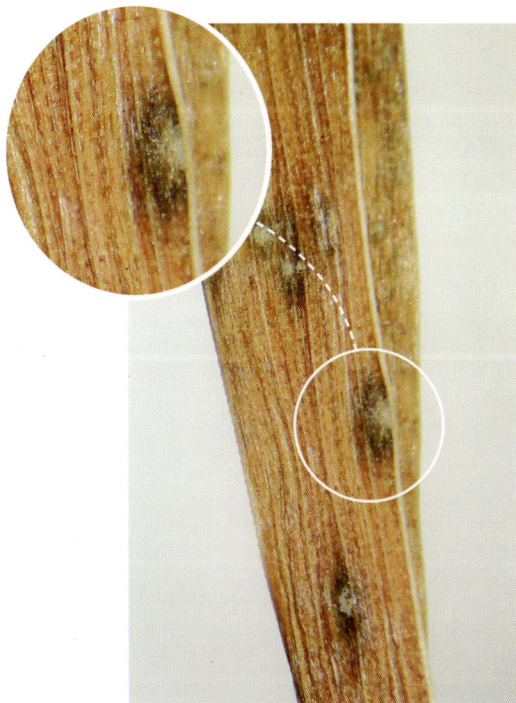

图1-39　鸭茅褐斑病后期病斑上的霉层

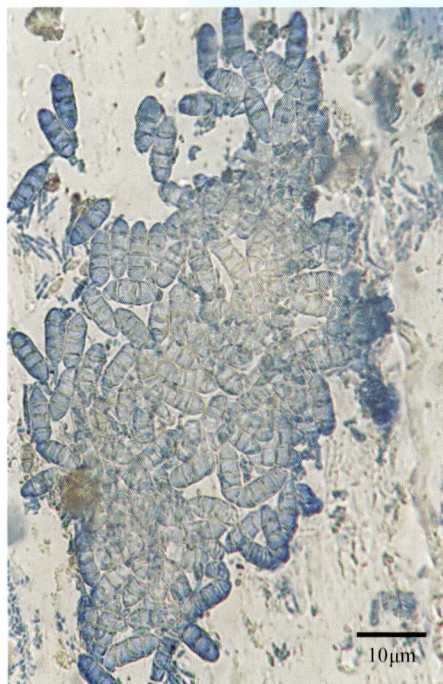

图1-40　鸭茅褐斑病的病原（分生孢子梗和分生孢子）

蜡叶标本

YN19121。

1.12 玉米锈病

分布

玉米（*Zea mays* L.）锈病是玉米上常见的病害，在云南省各地均有发生，虽然植株和叶片的发病率都为100%，但对于饲用玉米在灌浆初期刈割后青贮的影响较小。

症状

玉米锈病危害叶片、叶鞘和果穗的包叶，初为黄色小点，后沿叶脉方向形成线状或梭形的红斑，裂开后散出红色粉末。发病后期病斑布满叶片，导致叶片提早干枯（图1-41）。

图1-41 玉米锈病的症状

病原

玉米锈病的病原为玉米柄锈菌（*Puccinia sorghi* Schr.），夏孢子呈球形或椭圆形，黄褐色，单胞，大小为（24～32）μm×（20～28）μm（图1-42）；冬孢子呈长圆形，通常有淡黄色或淡褐色的柄，深褐色，双胞，表面光滑，分隔处稍缢缩，大小为（28～43）μm×（13～25）μm。

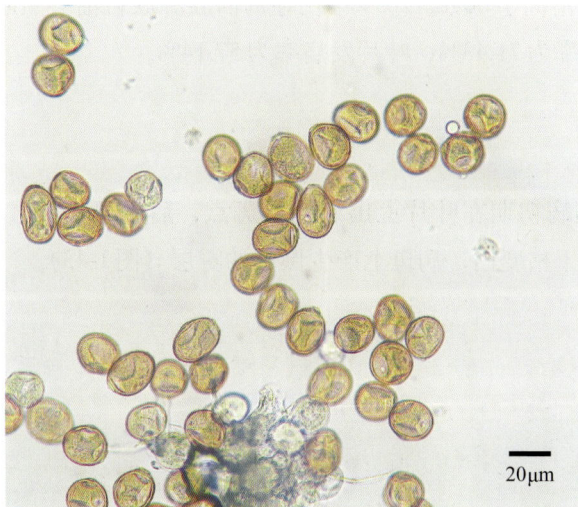

图1-42　玉米锈病的病原（夏孢子）

蜡叶标本

YN19265。

1.13 玉米大斑病

分布

玉米大斑病在云南省各地均有发生，主要发生于玉米生长中后期，植株发病率通常高于60%。2019年在寻甸回族彝族自治县雀吃沟村，玉米植株的发病率为71.43%，叶片发病率为57.14%。

症状

玉米大斑病初期在叶片上出现褪绿斑点，后病斑扩大，形成大斑，导致大量叶片干枯变白，病斑上产生黑色的霉层（图1-43）。

图1-43　玉米大斑病的症状

病原

玉米大斑病的病原为大斑凸脐蠕孢[*Exserohilum turcicum* (Pass.) K. J. Lenonard & Suggs]，分生孢子梗明显分化，单生，直立或弯曲，呈深褐色，基细胞膨大，基细胞外可看到明显的脐点（图1-44）。其有性态为玉米毛球腔菌[*Setosphaeria turcica* (Luttr.) Leonard & Suggs]。

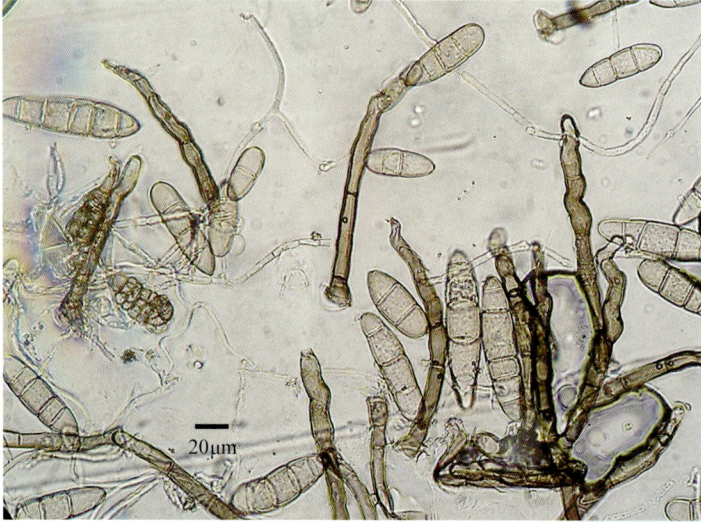

图1-44 玉米大斑病的病原

蜡叶标本

YN19266。

1.14 象草白斑病——中国新记录病害

分布

象草（*Pennisetum purpureum* Schum.）属于禾本科狼尾草属植物，又名紫狼尾草，英文名为napiergrass，elephant grass。象草普遍种植于德宏傣族景颇族自治州芒市和盈江县、西双版纳傣族自治州景洪市等云南省西南部地区，主要品种为甜象草（图1-45）。象草白斑病在象草种植区均有发生，植株发病率为100%，叶片发病率为93.33%。

图1-45　象草生产田

症状

象草白斑病发生于叶片，病斑近圆形或梭形、褐色，病斑中心白色，整个病斑呈"眼状"（图1-46），发病后期在病斑上产生黑色的霉层（图1-47），严重时叶片干枯（图1-48）。

图1-46 象草白斑病发病初期的症状

图1-47 象草白斑病发病后期的症状

图1-48 象草白斑病导致大量叶片干枯

病原

象草白斑病的病原为狼尾草弯孢（*Curvularia penniseti*），分离培养的菌落生长快，呈橄榄色（图1-49），容易产孢，表面出现黑色簇状物，为其分生孢子梗和分生孢子（图1-50）。分生孢子梗呈褐色，有多个隔膜；分生孢子卵圆形，中间大，两头小，弯曲，有2～3个横隔膜，即由3～4个细胞构成，褐色，大小为（10～12）μm×（3.5～5）μm（图1-51）。

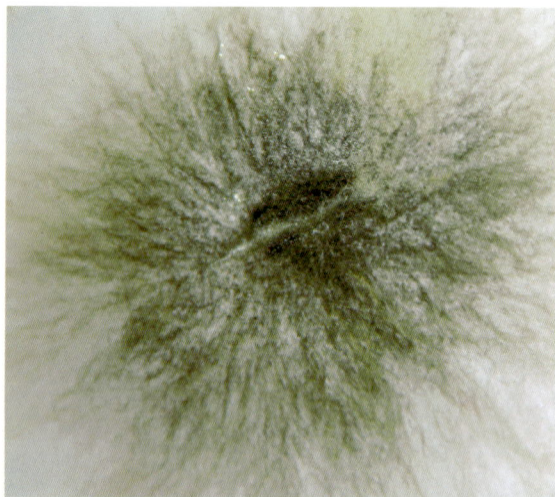

图1-49　象草白斑病的病原菌落培养初期

图1-50　象草白斑病的病原菌落培养后期

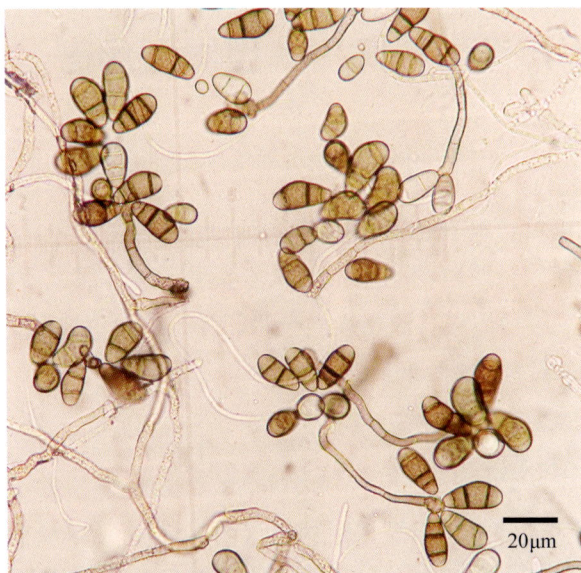

图1-51 象草白斑病的病原（分生孢子梗和分生孢子）

1966年在印度狼尾草属的一个种（*Pennisetum typhoides* Stapf.）上发生一种弯孢属真菌[*Curvularia penniseti*（Mitra）Boedijn var. *Poonensis*]所致的叶斑病（Patil et al., 1966）。2002年有文章综述了象草的病、虫、草（Farrell G et al., 2002），其中，引用了马来西亚报道象草叶斑病的病原为（*Curvularia leonensis* M. B. Ellis）（Davis and Parbery, 1991）。2018年我国报道了杂交狼尾草（Hybrid *Pennisetum, Pennisetum americanum*× *P. purpureum*）和皇竹草（*Pennisetum hydridum*）上均由新月弯孢[*Curvularia lunata* (Wakker) Boedijn]引致的叶枯病，分别发生于广东省和海南省（Liu et al., 2018；Xu et al., 2018）。张驰成在2016年报道过云南省农业科学院资源圃的紫荆象草上有弯孢属（*Curvularia* sp.）引起的叶斑病，但未鉴定至种（张驰成，2016）。由狼尾草弯孢引致的象草叶斑病在我国尚未报道，故此病害为中国新记录病害。

蜡叶标本

YN19303、YN19074。

1.15 象草附球菌叶斑病——世界新病害

分布

象草附球菌叶斑病在德宏傣族景颇族自治州芒市、盈江县弄璋镇和旧城镇，文山壮族苗族自治州砚山县阿舍乡黑巴村，保山市腾冲市界头镇界明村、西双版纳傣族自治州景洪市北环路等地的植株发病率为60%~80%，叶片发病率为50%～90%。

症状

该病发生初期叶片上出现褐色病斑（图1-52），后病斑向上下扩大，呈梭形大斑，病斑中心呈白色，病斑边缘呈黄褐色至紫红色（图1-53），潮湿条件下在病斑上会产生黑色小颗粒（图1-54）。

图1-52 象草附球菌叶斑病的发病初期

图1-53 象草附球菌叶斑病的发病后期

图 1-54　象草附球菌叶斑病后期产生的黑色颗粒物

病原

　　象草附球菌叶斑病的病原为黑附球菌（*Epicoccum nigrum*），分生孢子座暗褐色、垫状；分生孢子梗密集地束在一起，暗褐色，较短，大小为（2.5～3.2）μm×（4～5）μm；分生孢子单胞、黑褐色、球形，大小为（5～8）μm×（3～4）μm（图1-55）。

　　我国在象草上记录的病害仅有发生于广东和广西栽

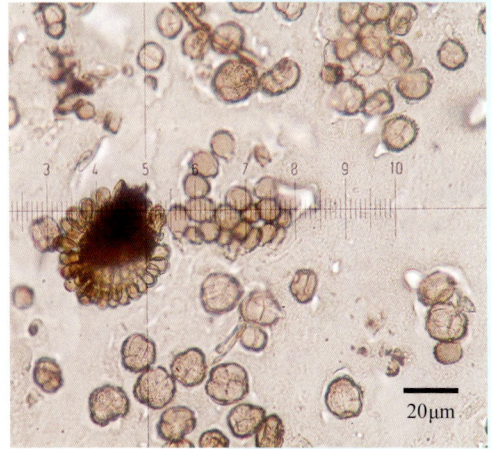

图 1-55　象草附球菌叶斑病的病原

培的全牧1号象草上由弯孢属（*Cmvularia* sp.）和炭疽菌（*Colletotrichum* sp.）真菌引起的叶斑病（张驰成，2016），而无附球菌属（*Epicoccum*）引起象草叶斑病的报道，故此病害属于世界新病害。

蜡叶标本

　　YN19074、YN19100和YN19093。

1.16 非洲狗尾草锈病

分布

非洲狗尾草（*Setaria sphacelata* Stapf ex Massey）在西双版纳傣族自治州景洪市、保山市龙陵县、德宏傣族景颇族自治州芒市等地均有种植（图1-56和图1-57），非洲狗尾草锈病的植株发病率在80%左右。

图1-56　非洲狗尾草的草地

图1-57　非洲狗尾草的穗形

症状

非洲狗尾草锈病的病斑红褐色、圆形、隆起，隆起的疱破裂后散出黄褐色粉末，即夏孢子堆，发病后期尤其叶片干枯后病斑变黑，叶片表皮破裂后散出黑色颗粒物，即冬孢子，叶片背面更明显（图1-58）。

图1-58　非洲狗尾草锈病的症状（左为夏孢子时期，右为冬孢子时期）

病原

非洲狗尾草锈病的病原为柄锈菌属真菌（*Puccinia* sp.），夏孢子单胞，深褐色，表面有细刺，球形至椭圆形，孢子大小为（26.09～29.80）μm×（31.40～36.35）μm（图1-59）；冬孢子双胞，长圆形、褐色，顶部圆形，表面平滑，着生在短柄上，隔膜处有缢缩，孢子大小为（32.30～34.80）μm×（20.00～24.65）μm（图1-60）。

狗尾草属植物的锈菌有2个属，一个属为柄锈菌属，有 *Puccinia graminis*、*P. panici-montani* 和 *P. setariae* 3个种，分别为《中国真菌志》第十卷锈菌（一）中记载的台湾棕叶狗尾草[*Setaria palmifolia* (Koen.) Stapf.]和皱叶狗尾草[*Setaria plicata* (Lam.) T. Cooke]上的山黍柄锈菌（*P. panici-montani*），在陕西省和云南省的福勃狗尾草[*Setaria forbesiana* (Nees ex Steud.) Hook. F.]上的锈菌为福勃狗尾草柄锈菌（*Puccinia setariae-forbesianae* Tai）；另一个属为单胞锈菌属，《中国真菌志》第二十五卷锈菌（三）中记载的狗尾草属的5个种和1个变种的锈菌均为单胞锈菌属（*Uromyces setariae-italicae* Yoshino）。根据形态特征，非洲狗尾草的锈菌属于柄锈菌属真菌，但无法根据形态特征确定狗尾草锈病的病原为哪一个种，文献中也无狗尾草锈菌的记录，因此，尚不确定非洲狗尾草的锈菌为何种。

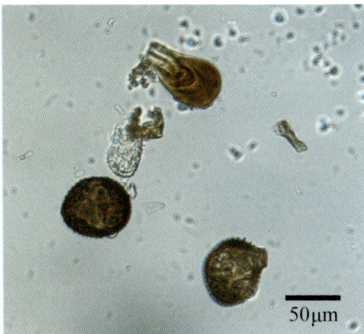

图1-59　非洲狗尾草锈病的病原（夏孢子）

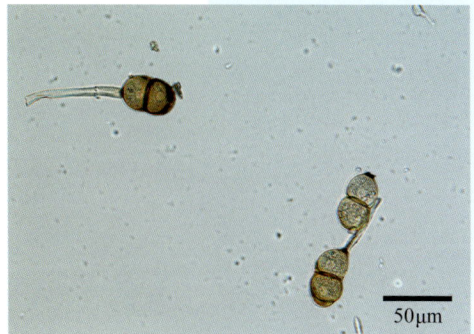

图1-60　非洲狗尾草锈病的病原（冬孢子）

蜡叶标本

YN19310。

1.17 非洲狗尾草平脐蠕孢叶斑病
——云南省新记录病害

分布

非洲狗尾草原产于非洲热带地区，最早由云南省草地动物科学研究院于1983年引入我国，在云南热带亚热带地区广泛种植。非洲狗尾草平脐蠕孢叶斑病的叶片发病率通常在50%左右。

症状

发病初期叶片上出现褐色小点，后病斑扩大呈圆形，病斑区域内为灰白色，边缘褐色，多个病斑汇合后形成不规则形大斑，病叶从叶缘开始干枯（图1-61）。

图1-61 非洲狗尾草平脐蠕孢叶斑病的症状

病原

　　非洲狗尾草平脐蠕孢叶斑病的病原为玉米生平脐蠕孢（*Bipolaris zeicola*）。分生孢子纺锤形，褐色，有 4～5 个隔膜，大小为（5～7）μm×（12～15）μm。在 PDA 培养基上的菌落正面为灰黑色，背面为黑色（图 1-62）。该菌可寄生于狗尾草属的很多种植物，但无非洲狗尾草上的记录，故此病为云南省新记录病害。2013 年赵杏利等报道了河南省狗尾草上由平脐蠕孢属 *Bipolaris setariae* 引起的叶斑病（赵杏利 等，2013），但该种在非洲狗尾草上并无报道。《中国真菌志》第三十卷蠕形分生孢子真菌中记载了河北省石家庄市的狗尾草（*Setaria* sp.）上由加达里夫凸脐蠕孢 [*Exserohilum gedarefense*（El Shafie）Alcorn] 引起的病害，非洲狗尾草上的平脐蠕孢显然不同于此种（不同属）。

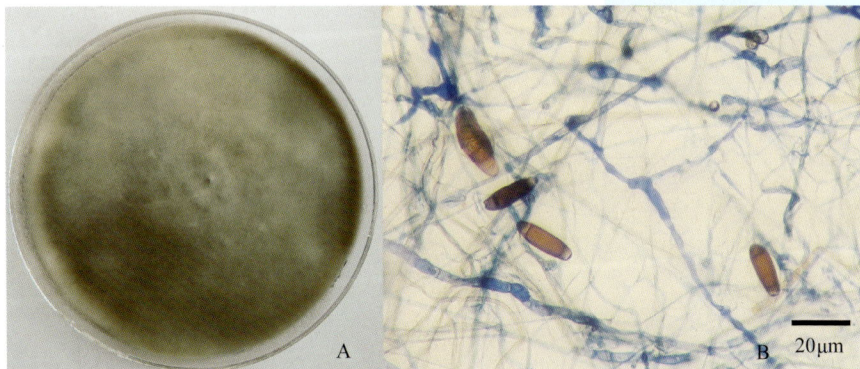

图 1-62　非洲狗尾草平脐蠕孢叶斑病平脐蠕孢菌落及分生孢子
A. 菌落　B. 分生孢子

蜡叶标本

　　YN19091。

1.18 王草凸脐蠕孢大斑病——世界新病害

分布

王草（*Pennisetum purpureum* × *P. glaucum*）又名皇草、皇竹，是由美洲狼尾草和珍珠粟杂交育成的多年生禾本科牧草，形似象草，但株形较大，分蘖能力更强。王草凸脐蠕孢大斑病在王草各种植地区普遍发生，发病率为80%左右。

症状

王草凸脐蠕孢大斑病的病斑呈梭形、褐色，病斑中间为灰白色（图1-63），后期出现稀疏的霉层（图1-64）。

图1-63 王草凸脐蠕孢大斑病的症状

图1-64 王草凸脐蠕孢大斑病后期出现的霉层

病原

王草凸脐蠕孢大斑病的病原为大斑凸脐蠕孢[*Exserohilum turcicum* (Pass.) K. J. Lenonard & Suggs]，分生孢子梗有隔膜、褐色，分生孢子长棒状、褐色，7～10个隔膜，隔膜处明显缢缩，大小为（20～35）μm×（3～5）μm（图1-65）；在PDA培养基上的菌落呈黑色、絮状（图1-66），培养一周后产孢（图1-67）。

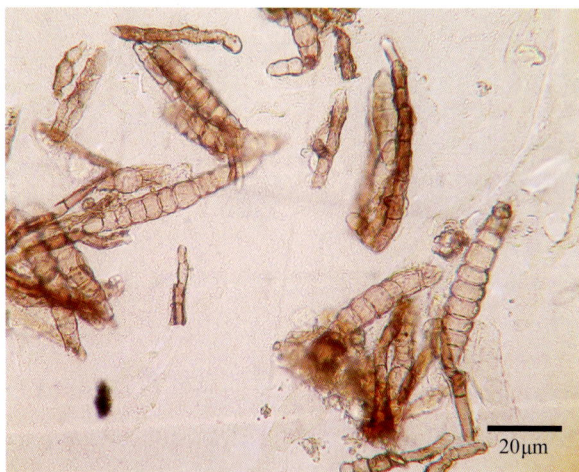

20μm

图1-65 王草凸脐蠕孢大斑病的病原（田间病斑镜检）

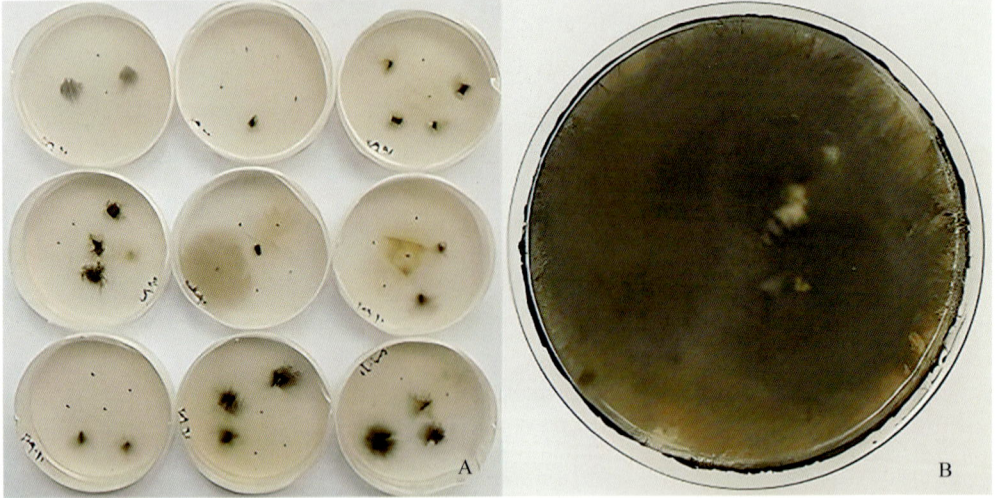

图1-66　王草凸脐蠕孢大斑病的病原菌落（在PDA培养基上分离和纯培养的菌落）
A.原始分离　B.菌落特征

图1-67　王草凸脐蠕孢大斑病的病原
A.菌落表面产孢　B.分生孢子梗和分生孢子

　　《中国真菌志》第三十一卷记载大斑凸脐蠕孢[*Exserohilum turcicum*
(Pass.) K. J. Lenonard & Suggs]，有性态[*Setosphaeria turcica* (Luttrell)
Leonard Suggs]可侵染玉米（玉蜀黍*Zea mays* Linn.）、苏丹草[*Sorghum*

sudanense（Piper）Stapf.]、高粱（*Sorghum vulgare* Pers.），引致梭形、淡褐色的大型病斑，也记载甘蔗平脐蠕孢[*Bipolaris sacchari*（E. J. Butler）Shoemaker]可侵染象草（魏景超，1979；张光宇和孙广宇，2009），显然，本研究中的病菌不是平脐蠕孢属，为凸脐蠕孢属的大斑凸脐蠕孢。目前尚无王草及狼尾草上发生凸脐蠕孢病害的记录，故此病为世界新病害。

蜡叶标本

YN19090。

1.19 伏生臂形草锈病——世界新病害

分布

　　伏生臂形草（*Brachiaria decumbens* Stapf.）的英文名为pangola grass，1986年从国外引进的品种为贝里斯克斯，与棕籽雀稗按播种量2∶1的种子量混播于云南省普洱市思茅区倚象镇蚌弄村中田牧场，播种面积782.67hm²，每亩草产量为1 600kg。由于棕籽雀稗长势不佳，1987—1988年补播产自澳大利亚的品托氏落花生，2019年时生长良好（图1-68）。伏生臂形草锈病在该地区的植株发病率为65.45%，叶片发病率为78.21%。

图1-68　伏生臂形草和落花生的混播草地

症状

该病可侵染茎秆（图1-69）和叶片（图1-70）。病斑呈梭形，黄褐色至黑褐色，即病菌的冬孢子堆。孢子堆破裂后释放出红褐色孢子。发病枝条早枯。

图1-69　伏生臂形草锈病在茎秆上的症状

图1-70　伏生臂形草锈病在叶片上的症状

病原

　　病原为马唐柄锈菌，又称为瓦胡柄锈菌，拉丁学名为*Puccinia oahuensis* Ellis & Everh，原寄主植物为马唐。该菌的夏孢子堆生于叶两面，呈圆形或长椭圆形，散生或聚生，小，直径0.2～0.4 mm，常被破裂的表皮围绕，粉状，淡褐色或橙黄色。夏孢子近球形、倒卵形或宽椭圆形，黄褐色或肉桂褐色，腰生或散生4～6个芽孔，大小为（24～27）μm×（20～25）μm（图1-71）。冬孢子长椭圆形，中间有一个隔膜，两端圆形，分隔处有明显缢缩；冬孢子表面光滑，呈褐色，大小为（28～35）μm×（12～18）μm，柄无色，长10～17 μm（图1-72）。

　　我国报道过毛臂形草（*Brachiaria villosa*）锈病的病原仅有星毛繁缕单胞锈菌（*Uromyces setariae-italicae*）（王云章和庄剑云，1998；庄剑云，2005；庄剑云，2017），而无由柄锈菌属真菌引起的臂形草属植物的锈病，国外无伏生臂形草锈病的记录，故该病为世界新病害。

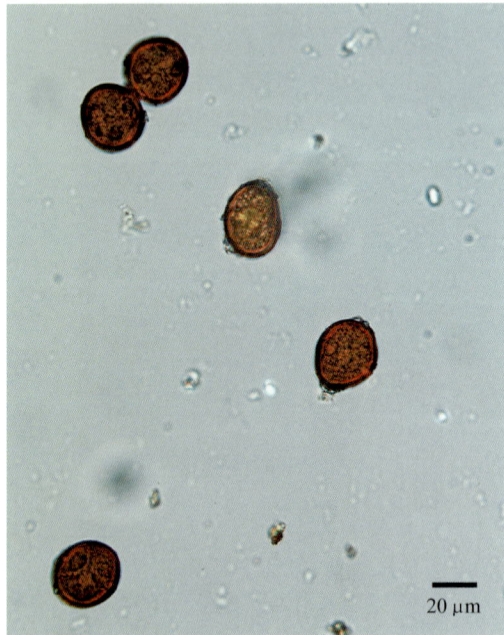

20 μm

图1-71　伏生臂形草锈病的病原（夏孢子）

20μm

图1-72 伏生臂形草锈病的病原（冬孢子）

蜡叶标本

YN19294。

1.20 伏生臂形草平脐蠕孢叶斑病——世界新病害

分布

该病害仅见于云南省普洱市思茅区倚象镇蚌弄村，植株发病率为53.33%，叶片发病率为46.67%。

症状

病斑起初为褐色小点，随后扩大为红褐色的梭形或不规则大斑（图1-73）。一些病斑为圆形，病斑中心呈灰白色，边缘呈红褐色。发病严重时，可导致叶片干枯（图1-74）。

图1-73 伏生臂形草平脐蠕孢叶斑病的症状（发病前期）

图1-74 伏生臂形草平脐蠕孢叶斑病的症状（发病后期）导致叶片干枯

病原

病原为棉平脐蠕孢（*Bipolaris gossypina*），分生孢子从分生孢子梗顶端的小孔长出，分生孢子梗褐色，长椭圆形，稍弯曲，有隔膜；分生孢子纺锤形，深褐色，具有7～8个横隔膜，略微弯曲，大小为（4～7）μm×（15～20）μm（图1-75）。

在巴西、印度等国家臂形草属的其他种上报道过离蠕孢属真菌（*Bipolaris setariae, Bipolaris cynodontis*）引起的叶斑病，我国张陶等在1998年报道了臂形草上由多主枝孢（*Cladosporium herbarum*）和德氏霉属（*Drechslera* sp.）病原菌引起的叶斑病，但无平脐蠕孢属真菌引起臂形草病害的报道，故臂形草平脐蠕孢叶斑病为世界新病害。

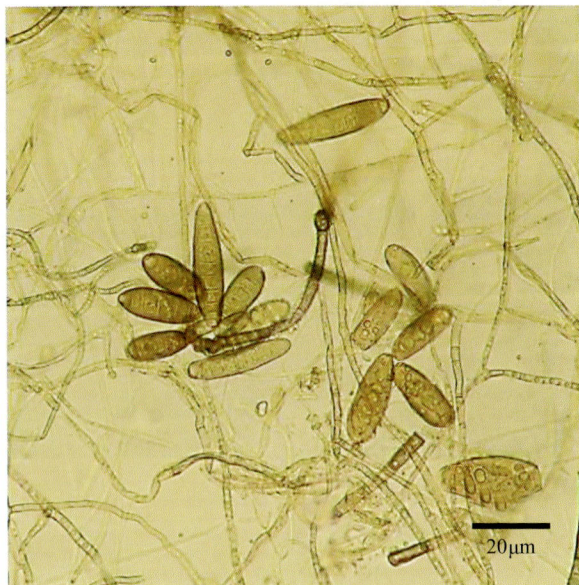

20μm

图1-75　伏生臂形草平脐蠕孢叶斑病的病原

蜡叶标本

YN19295。

1.21 苏丹草附球菌叶枯病——云南省新记录病害

分布

苏丹草 [*Sorghum sudanense*（Pipes）Stapf.] 种植于昆明市寻甸回族彝族自治县雀吃沟，品种为苏牧 3 号（图 1-76），苏丹草附球菌叶枯病的植株发病率为 50%，叶片发病率为 31.94%。

图 1-76 苏丹草拔节期

症状

叶缘内的病斑呈长条形，不规则，叶缘内侧的病斑多向上、向下、向内侧扩展，导致发病叶片大部分区域干枯，以叶尖干枯最为常见；病斑白色，病斑边缘紫黑色（图 1-77），病斑上有黑色小颗粒（图 1-78）。

图1-77 苏丹草附球菌叶枯病田间症状

图1-78 苏丹草附球菌叶枯病的病斑

病原

病原为黑附球菌（*Epicoccum nigrum*）（图1-79）。2005年，我国北方地区报道了由黑附球菌引起的苏丹草病害（Tian et al., 2021），云南省无该病害报道（尹俊，1996），故该病害为云南省新记录病害。

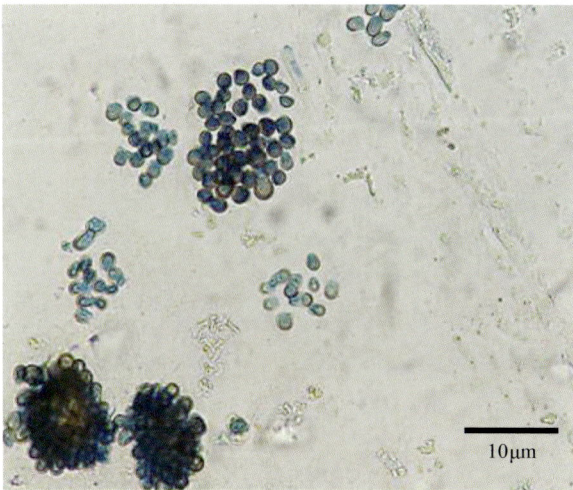

10μm

图1-79 苏丹草附球菌叶枯病的病原

蜡叶标本

YN19257。

1.22 狗牙根疣状弯孢霉叶斑病
——云南省新记录病害

分布

狗牙根[*Cynodon dactylon* (L.) Pers.]种植在腾冲市界头镇界明村、普洱市思茅区南屏镇、普洱市思茅区牧草种质资源圃或牧草品比试验基地，这些种植地均有狗牙根疣状弯孢霉叶斑病的发生，植株发病率多为100%。

症状

狗牙根疣状弯孢霉叶斑病在叶片上的病斑呈圆形或近圆形、红褐色，病斑中心白色，多个病斑扩大汇合时可导致叶片干枯（图1-80）。

图1-80　狗牙根叶斑病的症状

病原

狗牙根叶斑病的病原为疣状弯孢霉（*Curvularia verruculosa*），分生孢子梗呈褐色至深褐色，顶端颜色加深，屈膝状弯曲，宽2～3μm；分生孢子以合轴的方式着生在分生孢子梗上，褐色，纺锤状，直或轻微弯曲，孢子大小为（3～6）μm×（10～12）μm（图1-81）。

　　美国狗牙根上已报道的病害有黑穗病（*Ustilago cynodontis*）、圆斑病（*Sclerotinia homoeocarpa*）、锈病（*Puccinia cynodontis*）、枯萎病（*Pythium* spp.）和全蚀病（*Gaeumannomyces graminis*）（Tian et al., 2021）；悉尼已报道过狗牙根的根腐病（*Phialocephala bamuru*）（Wong et al., 2015）；我国报道了海南狗牙根仙环病（*Marasmius* spp.）、币斑病（*Sclerotinia homoeocarpa*）、锈病（*Puccinia striiformis*）、炭疽病（*Colletotrichum graminicola*）、粉斑病（*Limonomyces roseipellis*）、全蚀病（*Gaeumannomyces graminis*）、枯萎病（*Fusarium* spp.）、黑痣病（*Phyllachora graminis*）和叶斑病（*Curvularia lunata*和*Curvularia inaequalis*）（章武等，2016；许天委等，2017）；贾凤娇等报道的由疣状弯孢霉（*Curvularia verruculosa*）引起的湖北狗牙根叶斑病与本研究鉴定出的病原菌一致（Tian et al., 2021），目前云南省无疣状弯孢霉引起狗牙根叶斑病的报道，故本研究在云南省发现的狗牙根叶斑病为云南省新记录病害。

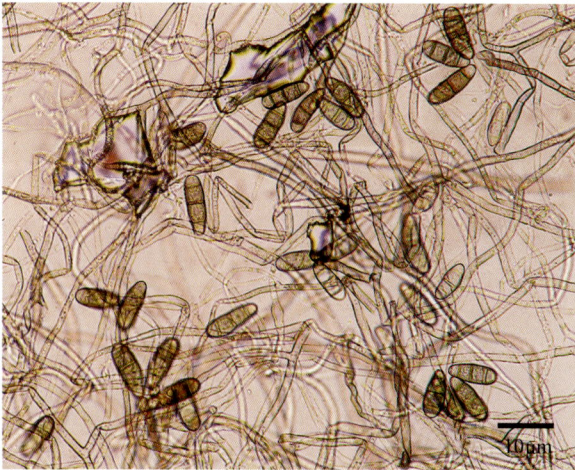

图1-81　狗牙根疣状弯孢霉叶斑病的病原

蜡叶标本

YN20437。

2 云南省栽培豆科牧草病害

云南省栽培豆科牧草及其病害概述

　　无论与我国北方种植的豆科牧草相比，还是与云南省种植的禾本科牧草相比，云南省种植的豆科牧草都属于种类少、种植面积不大的。其中，紫花苜蓿（*Medicago sativa* L.）在昆明市官渡区、楚雄彝族自治州大姚县、曲靖市马龙县等地有成片种植；毛苕子（*Vicia villosa* Roth.）在云南中部地区秋末至春季休闲地种植；白三叶草（*Trifolium repens* L.）在东山牧场等地与狗牙根、非洲狗尾草等混播建植放牧草地。除此之外，红三叶草（*Trifolum pratense* L.）、红豆草（*Onobrychis viciaefolia* Scop.）、沙打旺（*Astraglus adsurgens* Pall.）、木豆[*Cajanus cajan*（Linn.）Millsp.]、刀豆[*Canavalia gladiata*（Jacq.）DC.]等仅在部分牧草试验基地或农户家偶有种植。所有豆科栽培牧草上的病害除白粉病相同之外，其他病害均不同，且每种草上的病害种类比禾草的病害多，其中，紫花苜蓿的病害种类最多，危害最重。豆科牧草的蛋白质含量高，营养丰富，更易受病原微生物的侵染。

2.1 紫花苜蓿锈病

分布

　　紫花苜蓿锈病在昆明市官渡区小哨村云南省草地动物科学研究院的试验基地（已废弃）、昆明市寻甸回族彝族自治县（图2-1）、景洪市峨山彝族自治县甸中镇万弘公司基地、楚雄彝族自治州大姚县仓街镇齐和牧业苜蓿种植基地、楚雄彝族自治州元谋县元马镇、曲靖市马龙县马鸣乡云南省草地动物科学研究院试验基地等地均有发生，植株发病率为70%～93%，叶片发病率为20%～45%。

图2-1　紫花苜蓿种植地

症状

　　紫花苜蓿锈病以危害叶片为主，也可危害叶柄和茎秆。叶片正面（图2-2）和背面（图2-3）均会出现圆形、褐色的小点，后隆起，呈白色的疱，疱破裂后释放出红褐色的粉末，通常叶片背面的病斑比叶片正面明显（疱大，裂开后粉末多）（图2-4）；茎秆上的病斑初呈圆形、褪绿变黄，后隆起变白色，疱破裂后产生红褐色粉末（图2-5）。

图2-2　紫花苜蓿锈病在叶片正面的症状

图2-3　紫花苜蓿锈病在叶片背面发病后期的症状

图2-4　紫花苜蓿锈病在叶片背面的症状

图2-5　紫花苜蓿锈病在茎秆上的症状

病原

　　紫花苜蓿锈病的病原为条纹单胞锈菌苜蓿变种[*Uromyces stratus* var. *medicaginis* (Pass.) Arth.]，夏孢子单胞，球形，有均匀的小刺，大小为（18~24）μm×（20~25）μm（图2-6）；冬孢子单胞，球形或卵形，浅褐色至褐色，壁上有长短不一的纵向条纹，大小为（17~29）μm×（13~24）μm。

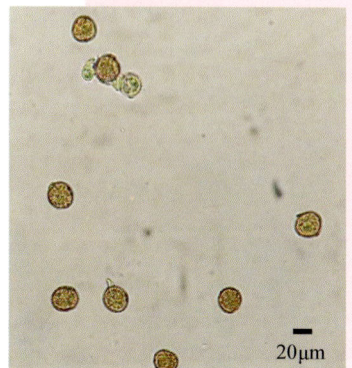

20μm

图2-6　紫花苜蓿锈病病菌的夏孢子

蜡叶标本

　　YN19306。

2.2　紫花苜蓿白粉病

分布

紫花苜蓿白粉病在调查各地的苜蓿上均有发生，植株发病率为85%～90%，叶片发病率为45%～70%。

症状

紫花苜蓿白粉病主要危害叶片，也可危害叶柄、茎秆和果穗。叶片正面会出现白色丝状物、粉状物（图2-7），或叶片正面仅表现出褪绿变黄、无霉层（图2-8），而霉层出现在叶片背面（图2-9），受害叶片大面积干枯，呈白色（图2-10），发病后期在霉层上出现黄色至黑色的颗粒物，为病菌的闭囊壳（图2-11）。

图2-7　紫花苜蓿白粉病田间症状

图2-8　紫花苜蓿白粉病叶片正面症状

图2-9　紫花苜蓿白粉病叶片背面症状

图2-11 紫花苜蓿白粉病病菌在叶片上的闭囊壳

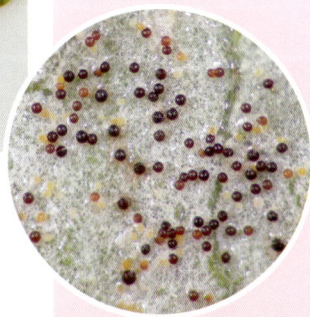

图2-10 紫花苜蓿白粉病叶片变黄、卷曲，并呈白色

病原

紫花苜蓿白粉病病原一为豌豆白粉菌（*Erysiphe pisi* DC.），闭囊壳球形，黄色至暗褐色（图2-11），附属丝15～25根，无分枝，不规则形弯曲，淡褐色；子囊卵形，淡褐色；子囊孢子3～5个，卵圆形，淡黄色，大小为（8～10）μm×（17～23）μm（图2-12）。病原二为豆科内丝白粉菌（*Leveillula leguminosarum* Golov.），初生分生孢子单胞，无色，窄卵形至披针形，顶渐尖；次生分生孢子长椭圆形，大小为（40～80）μm×（12～18）μm；闭囊壳埋生于菌丝体中，褐色至暗褐色，球形至扁球形，直径120～240μm，壁细胞呈不规则的多角形，但不明显。附属丝较短，25～43根，生于闭囊壳赤道的下部，弯曲并分枝，粗细不均，常与气生菌丝交织在一起。子囊17～20个，椭圆形、宽椭圆形，两侧不对称，有长柄，直或弯曲，大小为（68～120）μm×（26～35）μm；子囊孢子2～3个，椭圆形或长椭圆形，大小为（21～50）μm×（12～25）μm。

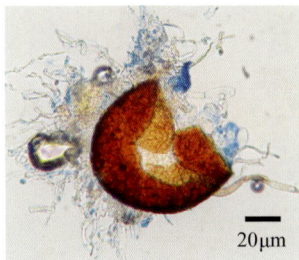

20μm

图2-12 紫花苜蓿白粉病病原（豌豆白粉菌的闭囊壳、子囊和子囊孢子）

蜡叶标本

YN19133。

2.3 紫花苜蓿壳针孢叶斑病

分布

紫花苜蓿壳针孢叶斑病在云南省草产业技术体系腾冲试验站基地和昆明市寻甸回族彝族自治县仁德街道32个苜蓿品种种植基地均有发生，植株发病率为30%~40%，叶片发病率为15%~30%。

症状

该病主要发生在叶片上，病斑初期为褐色圆形小点，后扩大为中等大小的病斑（图2-13），病斑上有黑色颗粒物（图2-14），呈同心轮纹状排列，故此病又称为轮纹病。

图2-13　紫花苜蓿壳针孢叶斑病的症状

图2-14　紫花苜蓿壳针孢叶斑病的症状（黑色颗粒物）

病原

病原为紫花苜蓿壳针孢（*Septoria medicaginis* Rob. et Desm.），分生孢子器形成初期埋生于叶片表皮之下，后突破表皮，球形（图2-14），分

生孢子细长，针状，无色，微弯曲，3 ~ 7 个隔膜，大小为（70 ~ 110）μm×
（2 ~ 3）μm（图2-15）（李彦忠 等，2016）。

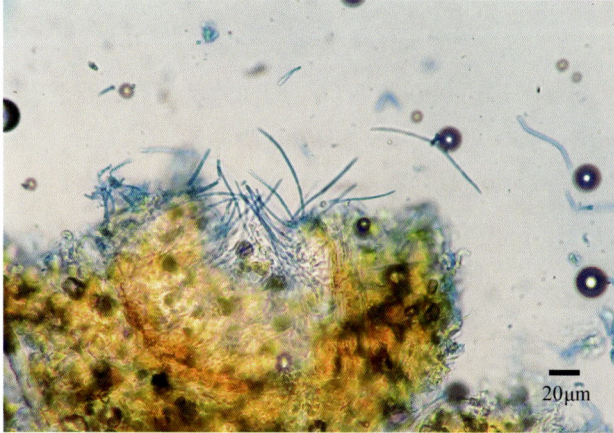

图2-15　紫花苜蓿壳针孢叶斑病的病原（分生孢子器和分生
孢子）

蜡叶标本

YN19004。

2.4 紫花苜蓿褐斑病

分布

紫花苜蓿褐斑病在昆明市寻甸回族彝族自治县仁德街道32个苜蓿品种试验田、云南省草产业技术体系腾冲试验站基地、云南省草地动物科学研究院牧草种植基地、曲靖市马龙县马鸣试验基地均有发生，植株发病率为53.33%～80.00%，叶片发病率为36.67%～60.00%。

症状

病斑圆形，褐色，在叶片上均匀分布，极少汇合相连。发病后期裂开，有蜡质物。发病叶片局部和整个叶片褪绿、变黄、脱落（图2-16）。

图2-16　紫花苜蓿褐斑病的症状

病原

　　紫花苜蓿褐斑病的病原为苜蓿假盘菌[*Pseudopeziza medicaginis* (Lib) Sacc.]。子座和子囊盘初期埋生于表皮下，散生或聚生，成熟后突破表皮裸露。子囊盘碟状，浅黄褐色，无柄；子囊棒状或披针状，无色透明，大小（51～72）μm×（10～12）μm（图2-17）；每个子囊内有8个子囊孢子，排列1～2行；子囊孢子单胞，无色透明，椭圆形，大小为（8～10）μm×（3～5）μm（图2-18）。

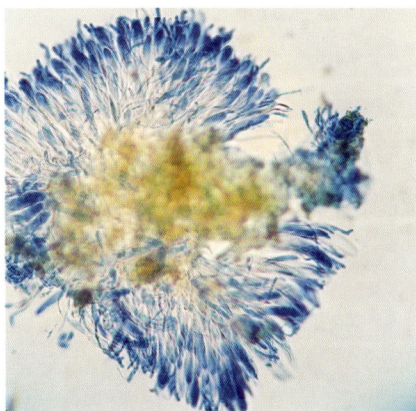

图2-17　苜蓿褐斑病的病原（子囊盘和子囊）

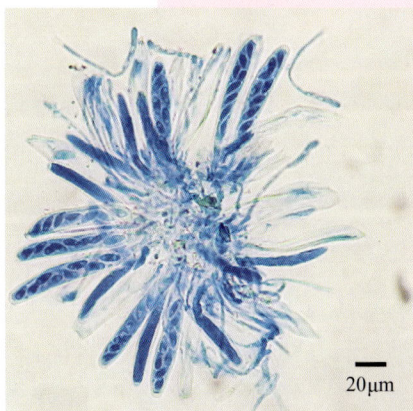

20μm

图2-18　苜蓿褐斑病的病原（子囊和子囊孢子）

蜡叶标本

　　YN19001。

2.5 紫花苜蓿小光壳叶斑病

分布

在腾冲市界头镇界明村、元谋县元马镇、寻甸回族彝族自治县和曲靖市沾益区均普遍发生，植株发病率为16.67%～90.00%，叶片发病率为16.67%～66.65%。

症状

该病主要发生在叶片上，植株下部叶片的病斑多于上部叶片，病斑初期为白色小点，凹陷，病斑周围褪绿变黄，形成一个黄色晕圈，病斑逐渐扩大汇合导致叶片干枯，不易脱落（图2-19）。发病后期病斑中心处产生黑色颗粒，为该病菌的子囊壳（图2-20）。病斑凹陷是此病区别于其他病害的主要特征。

图2-19 紫花苜蓿小光壳叶斑病的症状

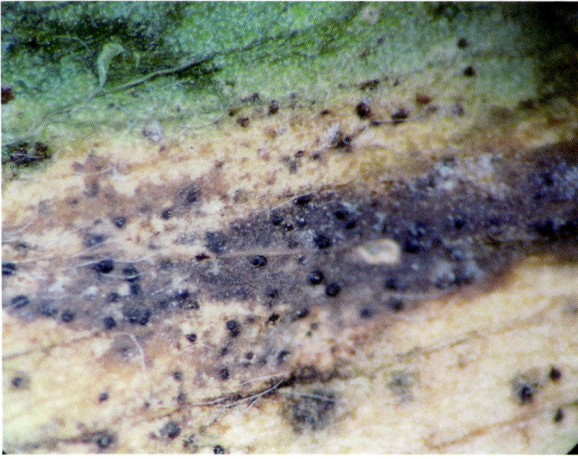

图 2-20　紫花苜蓿小光壳叶斑病的症状（黑色颗粒物）

病原

　　紫花苜蓿小光壳叶斑病的病原为紫花苜蓿小光壳[*Leptosphaerulina briosiana* (Poll.) J. H. Graham & Luttrell]，子囊壳初埋生，后突破表皮散生，子囊壳呈近球形，无色，直径90～140μm；子囊无色，双层壁；子囊内有8个子囊孢子，子囊孢子呈椭圆形，无色，3～4个横隔膜，0～1个纵隔膜，大小为（8～12）μm×（4～7）μm（图2-21）。

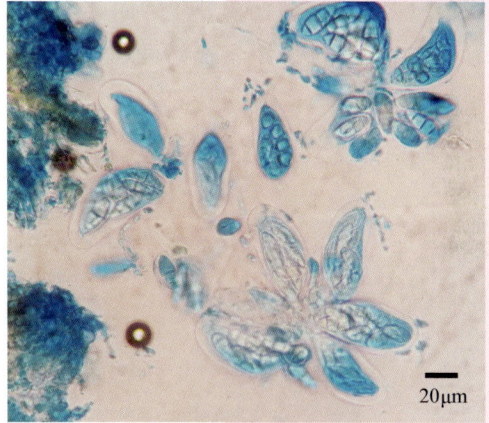

图 2-21　紫花苜蓿小光壳叶斑病的病原（子囊和子囊孢子）

20μm

蜡叶标本

　　YN20540。

2.6 紫花苜蓿黄斑病

分布

紫花苜蓿黄斑病在昆明市寻甸回族彝族自治县和曲靖市沾益区盘江镇胡马山草场均普遍发生，植株发病率为45.00%～84.00%，叶片发病率为75.64%～90.00%。

症状

病斑仅发生在叶片上，病斑初为圆形，或近圆形，黄色，病斑周围褪绿变黄，淡黄色晕圈明显，叶尖处发病最多（图2-22），黄色晕圈可扩展至大部分叶面（图2-23），发病后期在病斑上出现大量黑色小颗粒物（图2-24），病叶卷曲、干枯、变黑，不易脱落（图2-25），病斑遇水后颗粒物破裂，黏稠状（图2-26）。病斑不规则、呈黄色是该病区别于其他病害的主要特征。

图2-22 紫花苜蓿黄斑病的症状（发病初期）

图 2-23 紫花苜蓿黄斑病的症状（发病后期）

图 2-24 紫花苜蓿黄斑病的症状（黑色颗粒物）

图 2-25 紫花苜蓿黄斑病的症状（叶片干枯）

图2-26 紫花苜蓿黄斑病的症状（黑色颗粒物遇水破裂）

病原

紫花苜蓿黄斑病的病原为苜蓿黄斑病菌[*Leptotrochila medicaginis* (Fckl.) H. Schiiepp]，有无性阶段和有性阶段。无性阶段产生分生孢子器，埋生于叶组织内，分生孢子单胞，无色，长椭圆形至柱形，大小为（5～8）μm×（2～4）μm（图2-27）。有性阶段产生子囊壳，圆球形，子囊棒状，大小为（48～56）μm×（7～12）μm。每个子囊内有8个子囊孢子，无色，单胞，呈卵形，大小为（8～10）μm×（3～5）μm（图2-28）。

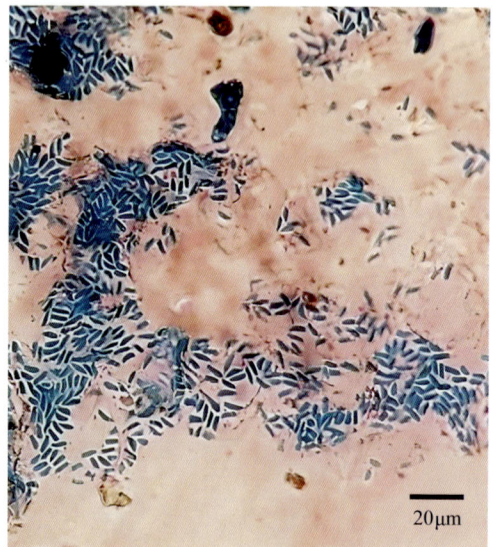

图2-27 紫花苜蓿黄斑病的病原（无性态的分生孢子）

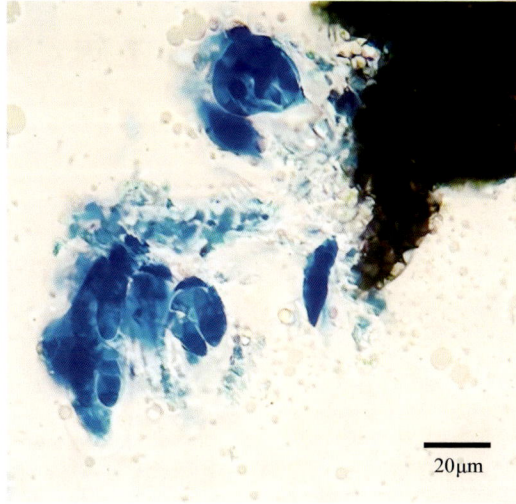

20μm

图2-28　苜蓿黄斑病的病原（有性态的子囊和子
囊孢子）

蜡叶标本
　　YN19162。

2.7 紫花苜蓿壳二胞叶斑黑茎病

分布

紫花苜蓿壳二胞叶斑黑茎病在昆明市寻甸回族彝族自治县和云南省草产业技术体系腾冲试验站基地均普遍发生，植株发病率达80.00%，茎叶发病率可达60.00%。

症状

主要侵染叶片和茎秆，叶片上的病斑黑色，小而密集，不凹陷，边缘不明显。茎秆上的病斑由黑色小点扩展至大面积的病斑，不规则（图2-29）。茎上是否出现黑色小点是诊断此病的依据，叶片上的黑色小病斑也是区别于其他病害的特征。

图2-29　紫花苜蓿壳二胞叶斑黑茎病在茎秆上的症状

病原

紫花苜蓿壳二胞叶斑黑茎病的病原为苜蓿壳二胞（*Ascochyta medicaginis* Qchen & L. Cai），菌落正面呈橄榄色至黑色，菌丝稀少（图2-30），菌落上长出黑色颗粒物，为分生孢子器（图2-31A）。分生孢子卵圆形至长圆形，无色透明，多为单胞，其余为双胞，双胞的孢子中间分隔处缢缩，大小为（1.5～2.1）μm×（4.4～5.3）μm（图2-31B）。

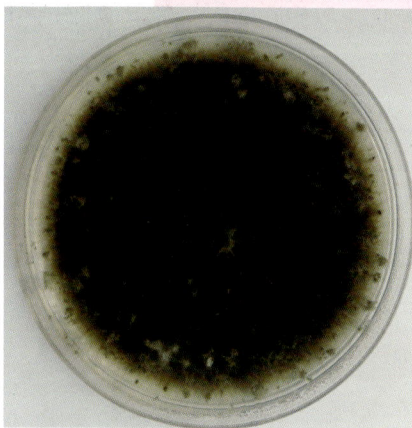

图2-30 紫花苜蓿壳二胞叶斑黑茎病的病原（在PDA上培养的菌落）

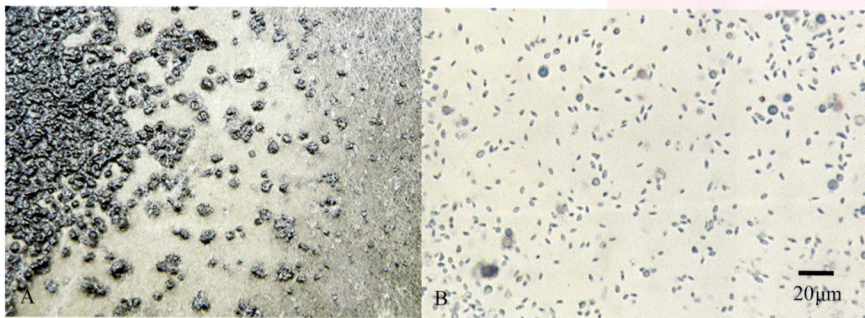

图2-31 紫花苜蓿壳二胞叶斑黑茎病的病原
A.分生孢子器 B.分生孢子

蜡叶标本

YN19165。

2.8 紫花苜蓿匍柄霉叶斑病

分布

紫花苜蓿匍柄霉叶斑病仅在大姚县龙街镇五福村委会树打坝小组羊窝子岭村发现过，植株发病率为30.00%，叶片发病率为20.00%。

症状

病斑多出现在叶片边缘，病斑大，呈白色，不规则，有稀疏的黑色霉层（图2-32）。病斑比其他所有苜蓿叶斑病的大，且白色，是区别于其他病害的特征。

图2-32　紫花苜蓿匍柄霉叶斑病的症状

病原

紫花苜蓿匍柄霉叶斑病的病原为苜蓿匍柄霉（*Stemphylium alfalfa* E. Simmons），分生孢子近圆柱形、暗褐色，初生2~3个横隔膜，继而生成纵隔膜，即分生孢子有纵横隔膜（图2-33）。

20μm

图2-33　紫花苜蓿匍柄霉叶斑病的病原（分生孢子梗和分生孢子）

蜡叶标本

YN19131。

2.9 紫花苜蓿镰刀菌根腐病

分布

紫花苜蓿镰刀菌根腐病在腾冲市界头镇界明村、曲靖市沾益区仁德镇、元谋县元马镇、昆明市寻甸回族彝族自治县均有发生，发病率高达50%以上，其中在腾冲市界头镇界明村的发病率达85%。

症状

主根和根颈部的皮层变褐，变黑，腐烂。发病初期地上部分无明显异常（图2-34），主根和根颈处横向切开（图2-35）和纵向切开（图2-36）后均可见皮层和中柱红褐色，黑色，腐烂。发病严重时茎叶生长不良，叶片黄，似缺肥状；分枝少，矮化，萎蔫，甚至全株死亡。

图2-34 紫花苜蓿镰刀菌根腐病的症状

图2-35 紫花苜蓿镰刀菌根腐病的症状（根颈处横切）

图2-36 紫花苜蓿镰刀菌根腐病的症状（主根纵切）

病原

紫花苜蓿镰刀菌根腐病的病原为尖镰孢（*Fusarium oxysporium* Schlecht.）和腐皮镰孢[*Fusarium solani* (mart.) App. et Wollenw]。尖镰孢分生孢子有两种，其中小孢子无色，无隔膜，卵圆形或柱形，大小为（5~12）μm×（2~3）μm；大孢子无色，镰刀形，大小为（25~50）μm×（4~6）μm，两端稍尖，有隔膜（图2-37）。腐皮镰孢分生孢子近纺锤形，稍有弯曲，两端圆形或钝锥形，有3~5个隔膜，分生孢子大小为（30~68）μm×（4~7）μm（图2-38）。

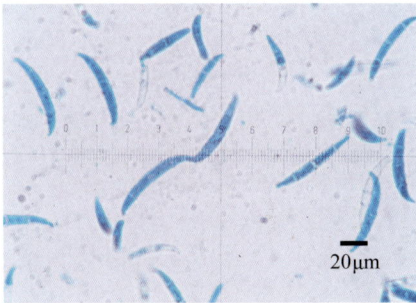

图2-37 紫花苜蓿镰刀菌根腐病的病原（尖镰孢）

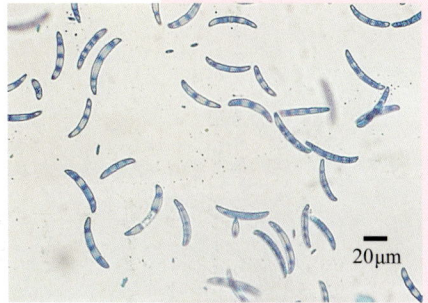

图2-38 紫花苜蓿镰刀菌根腐病的病原（腐皮镰孢）

蜡叶标本

YN19134~152。

2.10 紫花苜蓿炭疽病

分布

紫花苜蓿炭疽病在云南省草产业技术体系腾冲试验站基地，云南省芒市畜牧兽医局、云南省草地动物科学研究院牧草种植基地和曲靖市沾益区仁德镇北观社区雀吃沟村坤泰园艺有限公司均有发生，植株发病率可达30%，茎秆发病率可达45%。

症状

该病害只危害茎秆，病斑初期褪绿变青，凹陷、湿润，后扩大呈梭形，褐色或灰白色，中央有黑色小点，病斑扩展至茎皮层一周时整个枝条干枯、死亡（图2-39）。茎秆上梭形凹陷病斑是该病区别于其他苜蓿茎上病害的主要特征。

图2-39 紫花苜蓿炭疽病的症状

病原

紫花苜蓿炭疽病的病原为平头刺盘孢[*Colletotrichum truncatum* (Schw.) Andrus & Moore]，在PDA培养基上黑色菌丝在培养基表面放射状向外生长，气生菌丝少，后菌落加厚变黑，出现大量的黑色颗粒物，即分生孢子盘，有刺状物，即刚毛，刚毛褐色至暗褐色，有2~4个隔膜，分生孢子多弯曲，或稍弯曲，或柱状，弯曲的孢子呈镰刀形，两端尖细，无色，1~3个隔膜，大小为（15~24）µm×（3~4）µm（图2-40）。

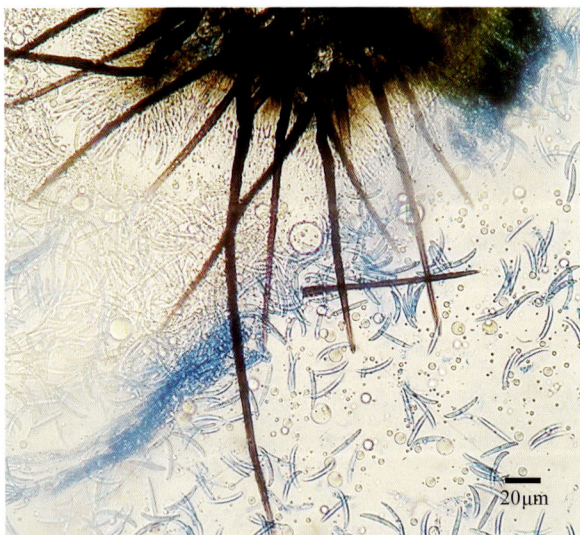

图2-40　紫花苜蓿炭疽病的病原（刚毛和分生孢子）

蜡叶标本

YN19005、YN19049、YN19132、YN19097和YN19114。

2.11 紫花苜蓿病毒病

分布

紫花苜蓿病毒病在所有紫花苜蓿种植区，如云南省草产业技术体系腾冲试验站基地、昆明市寻甸回族彝族自治县、楚雄彝族自治州大姚县龙街镇五福村委会树打坝小组（羊窝子岭）、楚雄彝族自治州大姚县仓街镇齐和牧业、元谋县元马镇、腾冲市界头镇界明村、文山壮族苗族自治州砚山县阿舍乡黑巴村，发病率为10%～50%。

症状

紫花苜蓿病毒病一旦发生则全株发病（此株上所有叶片均发病），在叶片上的症状最明显，叶片整体变黄，或叶片的变黄区域与健康绿色区域相间，即花叶（图2-41），或叶肉变黄、变紫，而叶脉仍保持绿色（图2-42），病株多矮化，生长不良。

图2-41　紫花苜蓿病毒病的症状（花叶型）

图2-42 紫花苜蓿病毒病的症状（叶脉绿叶肉黄型）

病原

紫花苜蓿花叶病的病原有苜蓿花叶病毒（*Alfalfa mosaic virus*，AMV）、白三叶草花叶病毒（WCMV）、菜豆黄花叶病毒（BYMV）和豇豆花叶病毒（CPMV）。

蜡叶标本

YN19045、YN19169、YN19171、YN19175、YN19183和YN19279。

2.12 白三叶草锈病

分布

　　白三叶草锈病是白三叶草上最普遍的病害，在各地均有分布。白三叶草又名白车轴草，是云南省人工建植放牧草地的骨干草种之一。云南省曲靖市马龙县小张段马龙双友牧业有限公司养殖部双友基地于2006年建植了非洲狗尾草、鸭茅和白三叶草的混播草地。白三叶草也是云南省多地城市绿化和公路护坡绿化的常见草种。

症状

　　白三叶草锈病危害叶片和叶柄，叶片正面有微小的红点，表皮裂开，有红色和红褐色的粉末，叶柄上的病斑比叶片上更多，皮层开裂更明显（图2-43），叶片背面的红斑比叶片正面更大，隆起更明显，散出的红色粉末更多（图2-44）。

图2-44　白三叶草锈病的症状
　　　　（叶片背面）

图2-43　白三叶草锈病的症状（叶片正面
　　　　和叶柄）

病原

白三叶草锈病的病原为白车轴草单胞锈菌（*Uromyces trifolii-repentis* Liro.），夏孢子球形、浅褐色，大小为（15.83～18.54）μm×（22.91～27.71）μm；冬孢子有无色短柄，大小为（20～30）μm×（15～33）μm（图2-45）。

新疆记载的白三叶草锈菌的病原有白车轴草单胞锈菌5个种，云南记载的病菌为（*Uromyces striatus* Schroet.）（南志标和李春杰，1994），而《中国真菌志》第二十五卷的作者认为，白三叶草锈菌为白车轴草单胞锈菌（*Uromyces trifolii-repentis* Liro.），而我国在白三叶草上记载的其他单胞锈菌属的4个种均为白车轴草单胞锈菌的异名（庄剑云，2005）。

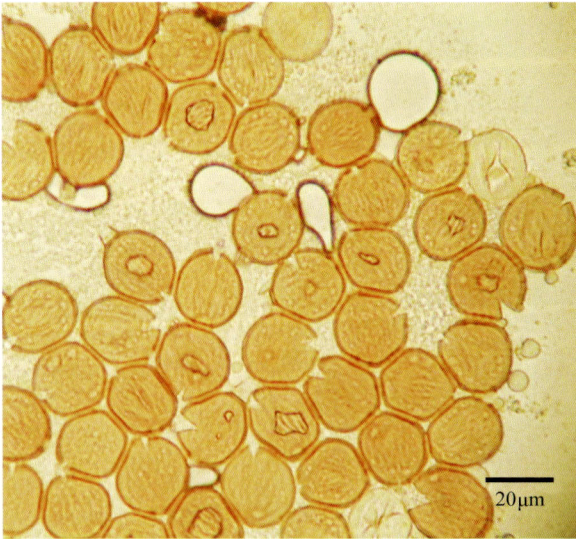

图2-45 白三叶草锈病的病原（冬孢子）

蜡叶标本

YN19280。

2.13 白三叶草白粉病

分布

　　白三叶草白粉病在云南省昆明市寻甸回族彝族自治县雀吃沟村、腾冲市界头镇界明村、文山壮族苗族自治州砚山县阿舍乡黑巴村和曲靖市马龙县双友基地均零星发生，植株发病率为10%左右。

症状

　　叶片表面有浓密的白色丝状物和粉状物（图2-46）。

图2-46　白三叶草白粉病的症状

病原

白三叶草白粉病的病原为豌豆白粉菌（*Erysiphe pisi* DC.），同紫花苜蓿白粉病，此处略。

蜡叶标本

YN19037。

2.14 白三叶草浪梗霉黑污病——云南新记录病害

分布

白三叶草浪梗霉黑污病的英文名为black blotch，dark spots，sooty blotch，在迪庆藏族自治州香格里拉市小中甸镇塘培村、知特村、明举村等地偶有发生。

症状

白三叶草浪梗霉黑污病的病斑同时出现在叶片正面及其对应的叶片背面，呈黑痣状，粗糙（图2-47），每一个病斑由大量小颗粒组成（图2-48），叶片背面的症状比叶片正面明显（图2-49），发病叶片逐渐褪绿变黄。叶片黑痣状病斑是区别于其他病害的最主要特征。

图2-47 白三叶草浪梗霉黑污病的症状（叶片背面）

图2-48 白三叶草浪梗霉黑污病的症状（每个病斑由大量颗粒物组成）

图2-49 白三叶草浪梗霉黑污病的症状（叶片正面与背面比较）

病原

白三叶草浪梗霉黑污病的病原为车轴草浪梗霉（*Polythrincium trifolii* Kunze et Schmidt.），子座呈黑褐色，由多个细胞构成拟薄壁组织状物（图2-50）。分生孢子梗簇生，不分枝或分枝，上部呈波浪形扭曲，与弯曲方向相对一面的细胞明显加厚，褐色，光滑，大小为100 μm×（6～9）μm。分生孢子单生、梨形、淡褐色，一个隔膜，大小为17～24 μm（图2-51）。有性态为车轴草黑斑座囊菌[*Cymadothea trifolii* (C. Killian) F. A. Wolf]，本地未发现其有性态。此病仅新疆有记录（南志标和李春杰，1994），故为云南省新记录病害。

图2-50　白三叶草浪梗霉黑污病的病原
（病斑贯通叶片正面和背面）

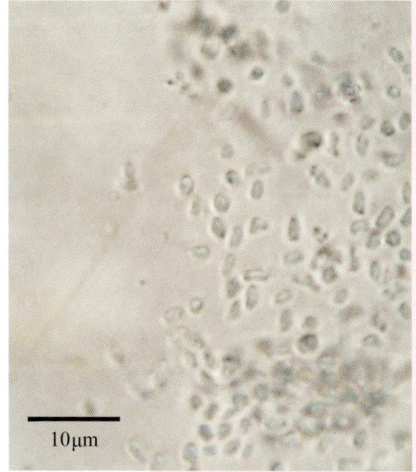

图2-51　白三叶草浪梗霉黑污病的病原
（分生孢子）

蜡叶标本

YN13511。

2.15 白三叶草病毒病

分布

白三叶草病毒病在云南省白三叶草所有种植区均有发生。

症状

基部叶片褪绿，产生淡绿或黄化的条斑，即花叶（图2-52）。

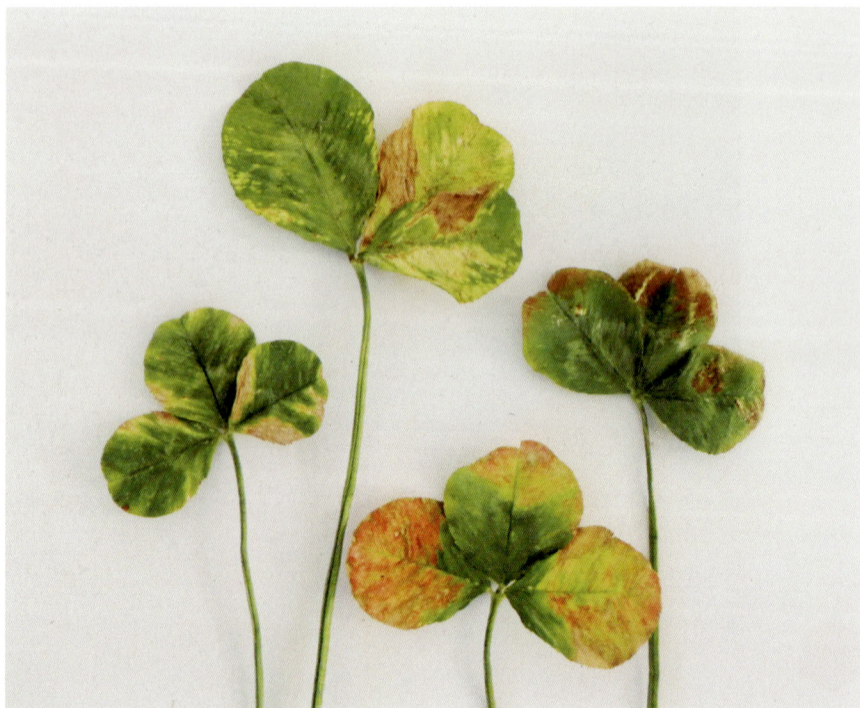

图2-52　白三叶草病毒病田间症状

病原

白三叶草花叶病毒（*White clover mosaic virus*, WCMV）。

蜡叶标本

L1040838。

2.16 红三叶草弯孢叶枯病

分布

红三叶草弯孢叶枯病仅在云南省迪庆藏族自治州香格里拉市发生，发生地点有小中甸镇塘培村、知特村、明举村等地，植株发病率100%，导致草丛下部叶片大量凋枯（图2-53）。

图2-53 红三叶草草地（外观健康，但草丛下发病严重）

症状

红三叶草弯孢叶枯病多从植株下部叶片的叶缘开始发生，病部失水，水渍状，病斑大，可达叶片一半的面积，受害处变干（图2-54），产生黑色霉层（图2-55），发生在叶面区域内的病斑黑色，逐渐扩展增大，多个病斑汇合，导致叶片变黑、腐烂（图2-56）。

图2-54 红三叶草弯孢叶枯病发病初期

图2-55 红三叶草弯孢叶枯病发病后期

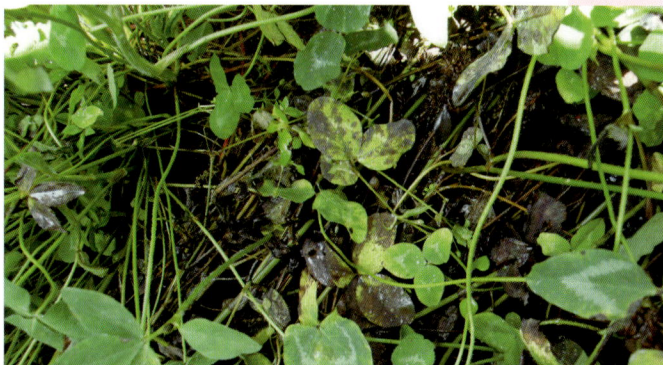

图2-56　红三叶草弯孢叶枯病的症状（导致草丛下部叶片腐烂）

病原

红三叶弯孢叶枯病的病原为车轴草弯孢[*Curvularia trifolii* (Kauffm.) Boedijin]，分生孢子梗呈圆柱状，直或略弯曲，淡褐色，长50～100 μm；分生孢子顶生，或侧生，3个隔膜，弯曲，中部的细胞色深，淡褐色至褐色，两端的细胞色浅，近无色至淡褐色，外壁光滑，脐点突出，大小为（20～30）μm×（10～17）μm（图2-57）。

与《中国真菌志》第三十卷记载的车轴草的弯孢及与美国等国家报道的种类一致（张光宇和孙广宇，2009）。我国最早于1986年在云南发现，记录在油印本中（南志标和李春杰，1994），1990年正式报道（商鸿生和贾明贵，1990）。

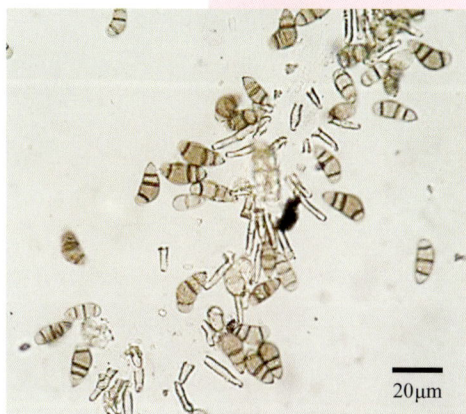

图2-57　红三叶草弯孢叶枯病的病原（分生孢子梗和分生孢子）

蜡叶标本

YN13502。

2.17 红三叶草白粉病——云南省新记录病害

分布

红三叶草白粉病在红三叶草的种植地区均有发生，生长后期尤其普遍。

症状

叶片表面产生稀疏至浓密的白色丝状物、粉状物（图2-58）。

图2-58 红三叶白粉病的症状

病原

红三叶白粉病的病原为蓼白粉菌（*Erysiphe polygoni* DC.）。

我国记录的红三叶草白粉病的病原为豌豆白粉菌，在贵州、台湾、新疆有记载（南志标和李春杰, 1994），云南尚无此病的报道，故为云南省新记录病害。《中国真菌志》第一卷仅记载了发生于新疆伊犁的此种（郑儒永, 1987）。

蜡叶标本

YN20511。

2.18 红三叶草匍柄霉叶斑病

分布

红三叶草匍柄霉叶斑病在迪庆藏族自治州香格里拉市小中甸镇塘培村、知特村、明举村等地的红三叶草生长后期偶有发生。

症状

红三叶草匍柄霉叶斑病的症状为黑色近圆形的大斑，后期出现黑色霉层（图2-59）。病斑周围清晰，病斑内黑色，病斑大，是此病区别于其他病害的主要特征。

图2-59　红三叶草匍柄霉叶斑病的症状

病原

红三叶草匍柄霉叶斑病的病原为束状匍柄霉[*Stemphylium sarciniiforme* (Cav.) Wiltsh.]。分生孢子梗单生或丛生，短粗，橄榄色，顶端膨大呈球状；分生孢子卵圆形、橄榄色，表面光滑，两端钝圆，具纵横隔膜，分隔处缢缩，无喙，直径15～32 μm（图2-60）。

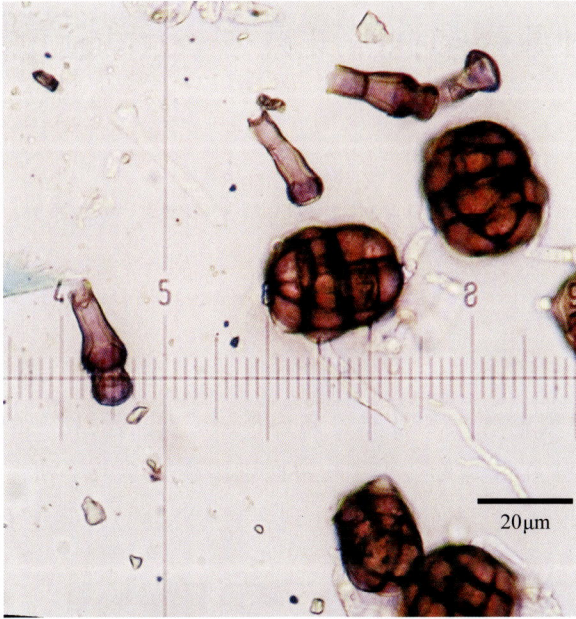

图2-60　红三叶草匍柄霉叶斑病的病原（分生孢子梗和
　　　　分生孢子）

蜡叶标本

YN13537。

2.19 红三叶草壳多孢黑斑病——云南新记录病害

分布

红三叶草壳多孢黑斑病在迪庆藏族自治州香格里拉市小中甸镇塘培村、知特村、明举村等地偶有发生。

症状

病斑多出现在叶尖和叶缘，向内扩展，形成不规则的黑色大斑（图2-61）。与叶片正面对应的叶片背面也出现相同大小和形状的病斑，黑色、隆起、顶部凹陷的扁平物多出现在叶片背面的病斑上（图2-62）。

图2-61 红三叶草壳多孢黑斑病的症状

图2-62 红三叶草壳多孢黑斑病的病征

病原

红三叶草壳多孢黑斑病的病原为车轴草壳多孢（*Stagonospora trifolii* Ell. Et Ev.），分生孢子器黑色，有孔口，长120～300 μm（图2-63）；分生孢子圆柱状，多1～2个分隔，大小为（10～22.5）μm×（4～5）μm（图2-64）。

我国报道红三叶草壳多孢黑斑病仅在甘肃省有发生（南志标和李春杰，1994），称为叶斑病，故为云南省新记录病害。

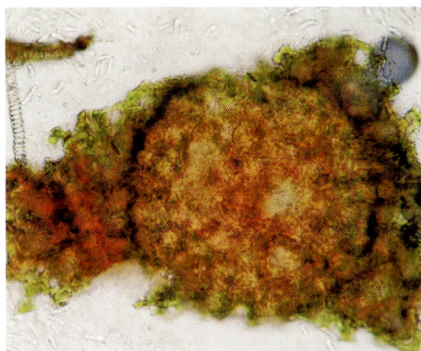

图2-63　红三叶草壳多孢黑斑病菌的病原（分生孢子器）

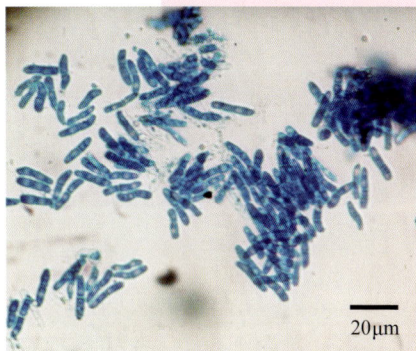

20μm

图2-64　红三叶草壳多孢黑斑病的病原（分生孢子）

蜡叶标本

YN13101、YN13531。

2.20 红三叶草浪梗霉叶斑病——云南新记录病害

分布

红三叶草浪梗霉叶斑病在迪庆藏族自治州香格里拉市小中甸镇塘培村、知特村、明举村等地红三叶草生长后期偶有发生。

症状

红三叶草浪梗霉叶斑病的典型症状为病斑在叶片两面对应部位出现，近圆形，黄褐色，病斑直径1cm左右（图2-65），病斑稍凹陷，叶背病斑的凹陷更明显（图2-66），发病后期在叶片背面的病斑中心出现黑色凸起物（图2-67）。

图2-65　红三叶草浪梗霉叶斑病的症状（叶正面）

图2-66　红三叶草浪梗霉叶斑病的症状（叶片背面）

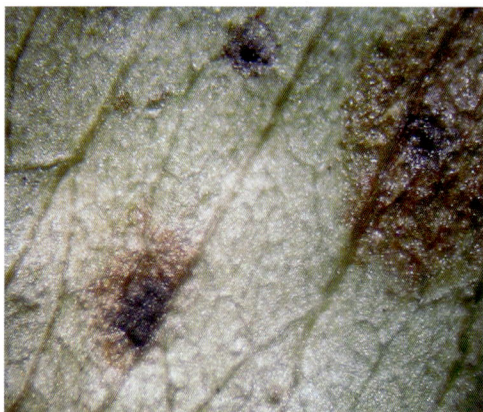
图2-67　红三叶草浪梗霉叶斑病（在红三叶草叶片背面的病征特写）

病原

红三叶草浪梗霉叶斑病的病原同白三叶草浪梗霉黑污病的病原，即车轴草浪梗霉（*Polythrincium trifolii* Kunze et Schmidt.），病斑切面可见分生孢子梗（图2-68），分生孢子梗上产生分生孢子（图2-69）。

车轴草浪梗霉在红三叶草上的症状与白三叶草上的症状不同。此病仅在新疆有报道（陆家云，2001；南志标和李春杰，1994），故为云南省新记录病害。

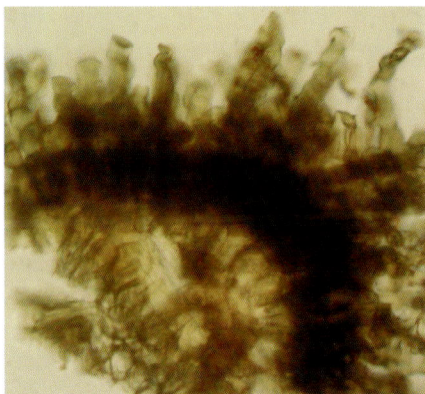

图2-68　红三叶草浪梗霉叶斑病的病原（病斑切块）

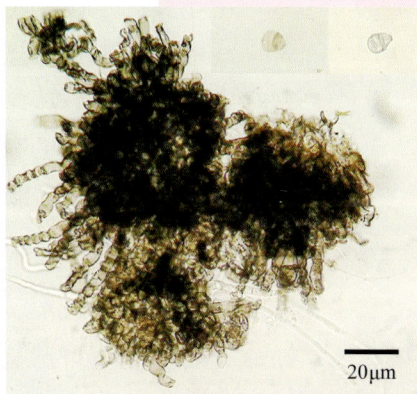

图2-69　红三叶草浪梗霉叶斑病菌的病原（分生孢子梗和分生孢子）

蜡叶标本

YN13357。

2.21 红三叶草病毒病

分布

红三叶草病毒病在红三叶草各种植地均有发生。

症状

花叶为该病最常见症状，即叶片黄绿交替（图2-70），其次为叶脉黄化，叶片淡黄色，即整株上所有叶片的叶脉保持绿色而叶肉褪绿变黄（图2-71）。

病原

病原有：白三叶草花叶病毒（*White clover mosaic virus*，WCMV）、苜蓿花叶病毒（*Alfalfa mosaic virus*，AMV）、豌豆花叶病毒（*Pea mosaic virus*，PMV）等，叶脉黄化的病原为三叶草黄脉病毒（*Clover yellow vein virus*，CYVV）。

图2-70 红三叶草病毒病的症状（花叶型）

图2-71　红三叶草病毒病症状（叶脉黄化型）

蜡叶标本
　　YN13509。

2.22 毛苕子霉斑病——中国新记录病害

分布

毛苕子霉斑病在云南省草地动物科学研究院的马龙试验基地自出苗至整个生长期均有发生，生长后期的植株发病率为100.00%，叶片发病率为76.67%，大量叶片脱落。毛苕子是长柔毛野豌豆（*Vicia villosa* Roth.）的俗名，花蓝紫色，生长后期匍匐于地面（图2-72）。

图2-72 毛苕子草地

症状

毛苕子霉斑病的病斑在叶片两面对应处出现，初呈褐色，近圆形（图2-73），后呈黄褐色（图2-74），植株下部叶片发病早，危害重，大量叶片干枯脱落，发病后期病斑上产生白色或黄褐色的霉层（图2-75）。

图2-73 毛苕子霉斑病的症状（发病初期）

图2-74 毛苕子霉斑病的症状（发病后期）

图2-75　毛苕子霉斑病的症状（典型圆形病斑）

病原

　　毛苕子霉斑病的病原为圆球柱隔孢（*Ramularia sphaeroidea* Sacc.）（图2-76）。分生孢子无色，倒洋梨形，透明，孢子圆球形或近圆形，大小为（2.13～3.67）μm×（4.56～5.77）μm。形态学和分子生物学与美国2004年在野豌豆属（*Vicia* spp.）上报道的圆球柱隔孢（*Ramularia sphaeroidea* Sacc.）一致（Koike et al., 2004）。

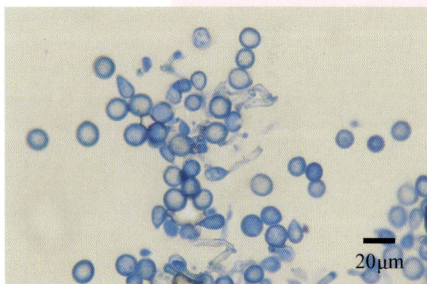

图2-76　毛苕子霉斑病的病原（分生孢子梗和分生孢子）

　　在江苏、新疆、吉林、甘肃、云南、四川等地的长柔毛野豌豆（*Vicia villosa* Roth.）及其变种病害有10种，大部分报道于1956—1991年期间，如锈病[*Uromyces orobi* (Pers.) de Bary]、白粉病（*Leveillula leguminosarum* Golov, *Oidium* sp.）、壳二孢叶斑病（*Ascochy tapisi* sp.）、炭疽病等。2019年，云南发生长柔毛野豌豆叶斑病（*Stemphylium vesicarium*）（Yan et al., 2019），但尚无柱隔孢属真菌引致长柔毛野豌豆（*Vicia villosa* Roth.）及其变种的报道，故毛苕子霉斑病是中国新记录病害，已于2021年正式报道（Shi and Li, 2021）。

蜡叶标本

　　YN19314。

2.23 毛苕子白粉病

分布

毛苕子白粉病在各种植地区均普遍发生，但危害较轻。

症状

毛苕子白粉病危害叶片、茎秆、果荚和叶柄，在受害部位产生稀疏至稠密的絮状白色霉层（图2-77），霉层中散生黄色至黑色颗粒物（图2-78）。

图2-77 毛苕子白粉病的症状

图2-78 毛苕子白粉病的症状（粉状物和颗粒物）

病原

毛苕子白粉病的病原为豆科内丝白粉菌（*Leveillula leguminosarum* Golov, *Oidium* sp.）。与紫花苜蓿白粉病是同一种病原——豆科内丝白粉菌。

蜡叶标本

YN19320。

2.24 毛苕子壳二胞叶斑黑茎病——云南新记录病害

分布

毛苕子壳二胞叶斑黑茎病在各种植地普遍发生，但危害不大。

症状

毛苕子壳二胞叶斑黑茎病危害叶片和茎秆。叶片上的病斑呈黑色，近圆形，发病后期叶片枯黄，向叶背卷曲，有黑色颗粒物；茎秆上的病斑开始为褐色小点，后相邻小点连成一片，遍布茎秆，使茎秆变黑（图2-79）。

图2-79　毛苕子壳二胞叶斑黑茎病的症状

病原

　　毛苕子壳二胞叶斑黑茎病的病原为豌豆壳二胞（*Ascochyta pisi* Lib.），分生孢子器褐色，分生孢子双胞，卵圆形至长圆形，中间缢缩，大小为（1.5～2.1）μm×（9.4～10.3）μm（图2-80）。

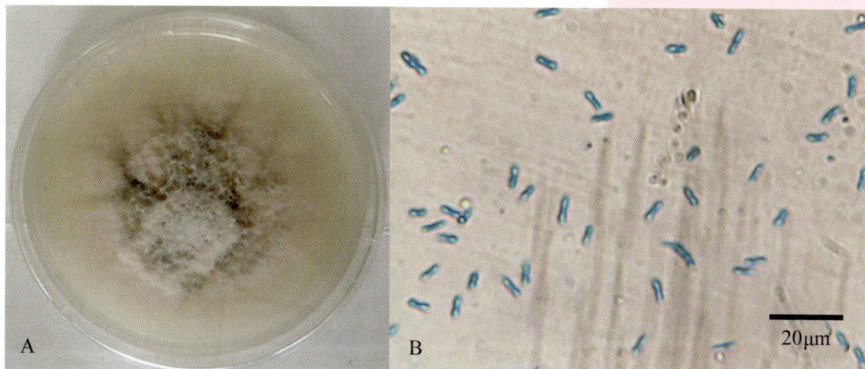

图2-80　毛苕子壳二胞叶斑黑茎病的病原
A.在PDA上的菌落　B.分生孢子

　　文献中记录的长柔毛野豌豆上由豌豆壳二胞（*Ascochyta pisi*）所致的病害仅分布于吉林省，称为深褐斑病；由豆类壳二胞[*Ascochyta pinodes*（Berk. Et Blox.）Jones]引致的病害分布于甘肃省和吉林省，称为淡褐斑病（白金铠，2003；南志标和李春杰，1994）。由于除甘肃省和吉林省之外其他省份均无此病的记录，故此病为云南省新记录病害。为便于根据症状识别，此病名加入"叶斑黑茎病"。同时为了根据病害名清楚其病原类别，故在此病名称中加了病原的属名"壳二胞"，全名为"毛苕子壳二胞叶斑黑茎病"。

蜡叶标本

　　YN19321。

2.25 红豆草壳二胞叶斑黑茎病——云南新记录病害

分布

红豆草壳二胞叶斑黑茎病仅在云南省草地动物科学研究院的昆明市小哨村原试验站（该试验地目前已改为他用）上发生过，植株发病率100%，红豆草为驴豆属多年生牧草，又称驴豆草，多种植于我国北方地区，在甘肃省通渭县种植历史最久，种植规模最大。

症状

红豆草壳二胞叶斑黑茎病危害叶片和茎秆，叶片上的病斑初为圆形、白色，病斑边缘呈褐色，叶缘上的病斑呈不规则形（图2-81）。发病后期病斑变黑色，有埋生在皮层下的颗粒物。茎上的病斑呈梭形，相邻病斑连成一片导致整个茎秆变为褐色，产生颗粒物（图2-82）。

图2-81 红豆草壳二胞叶斑黑茎病的症状（发病初期）

图2-82 红豆草壳二胞叶斑黑茎病的症状（发病后期）

病原

红豆草壳二胞叶斑黑茎病的病原为驴豆草壳二胞（*Ascochyta onobrychidis* Bond. -Mibt.），分生孢子器埋生在皮层下，顶部凸起露出，近球形或扁球形，褐色（图2-83），分生孢子多2个细胞，即一个隔膜，圆柱形，两端钝圆，分隔处稍缢缩，也有3～4个细胞，即具2～3个隔膜的分生孢子（图2-84）。文献记载该病仅在甘肃和新疆有发生（白金铠，2003；庄文颖，2005），故为云南省新记录病害。

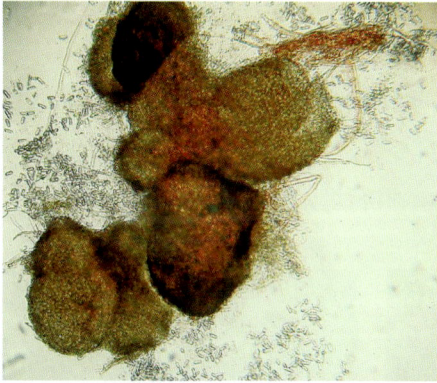

图2-83　红豆草壳二胞叶斑黑茎病的病原（分生孢子器）

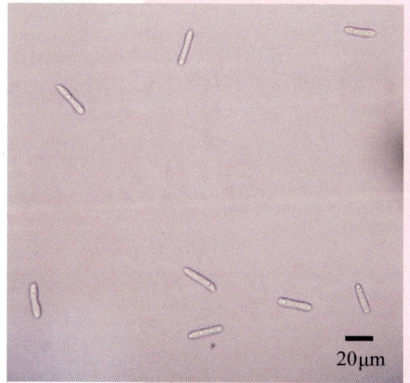

20μm

图2-84　红豆草壳二胞叶斑黑茎病的病原（分生孢子）

蜡叶标本

YN13505。

2.26 沙打旺黄矮根腐病——云南新记录病害

分布

沙打旺黄矮根腐病仅在云南省草地动物科学研究院的昆明市官渡区大板桥街道小哨村原试验站上发生过，植株发病率为5%。沙打旺为黄芪属多年生豆科牧草，在我国北方用于防风固沙。

症状

沙打旺黄矮根腐病为系统性病害，即病菌生长在植株体内各部位，故植株的所有组织部位均可受害，叶片黄化、干枯（图2-85），分枝多而矮缩，茎秆变红（图2-86），根腐烂，全株枯死。

图2-85 沙打旺黄矮根腐病的症状（叶片黄化）

图2-86 沙打旺黄矮根腐病的症状（分枝矮缩，茎变紫红，叶片黄化）

病原

沙打旺黄矮根腐病的病原最初为沙打旺埃里砖格孢（*Embellisia astragali* Li & Nan）（Li and Nan, 2007），后随着该类真菌分类地位的改变而于2016年重新命名为甘肃链格孢[*Alternaria gansuense* (Li & Nan) Liu and Li]。

分生孢子梗呈屈膝状，淡橄榄色到黄褐色；分生孢子呈倒棍棒状，直立或Y形，稍微不对称或明显弯曲，甚至S形，呈黄褐色，具3～6个横隔膜，无或极少有1个纵隔膜或斜隔膜，隔膜黑色，加厚，表面光滑，分生孢子在分隔处明显缢缩，大小为（24～66）μm×（8～13）μm（图2-87）。本病在甘肃、内蒙古、陕西、宁夏等地有记载（李彦忠 等，2011），而在云南省无发生的记录，故为云南省新记录病害。

图2-87 沙打旺黄矮根腐病的病原（分生孢子梗和分生孢子）

蜡叶标本

YN13605。

2.27 木豆褐斑病——世界新病害

分布

木豆在腾冲市界头镇界明村、楚雄彝族自治州元谋县云南省农业科学院热区生态农业研究所国家草品种区域试验站、西双版纳傣族自治州景洪市北环路热带作物科学研究所生态胶园试验基地均有少量种植。作为饲用植物，仅在最后一个地点发生过木豆褐斑病，发病率为80%。木豆为木豆属灌木，根入药能清热解毒。亦为紫胶虫的优良寄主植物。

症状

木豆褐斑病的症状为叶片上出现圆形至不规则的褐色病斑（图2-88）。

图2-88　木豆褐斑病的症状

病原

木豆褐斑病的病原为壳针孢（*Septoria* sp.）。病斑上的分生孢子无色、针状、鞭形，稍弯曲，有横隔膜12～18个，大小为（120～140）μm×（2～3）μm（图2-89）。

文献中木豆的病害：叶斑病（*Cercospora instabilis* Rangel）、炭疽病（*Colletotrichum cajani* Rangel）、菌核病[*Sclerotinia sclerotiorum* (Lib.) de Bary]、锈病（*Uromyces dolicholi* Arth.）和叶斑病（*Pseudocercospora cajani-flavi* Guo et Liu），但未报道壳针孢引致的病害（白金铠，2003；南志标和李春杰，1994），也未查到国外的报道，故为世界新病害。

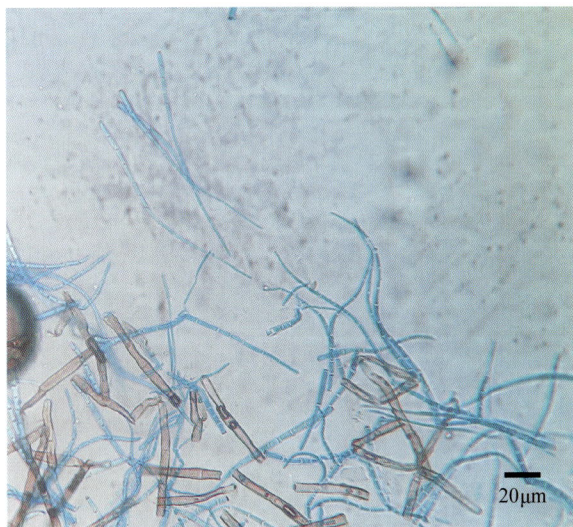

图2-89　木豆褐斑病的病原（分生孢子）

蜡叶标本

YN19305。

2.28 刀豆炭疽病——中国新记录病害

分布

在云南省农业科学院热区生态研究所国家草品种区域试验站，刀豆炭疽病的发病率为70%，品种为巴西刀豆。刀豆属缠绕草本，又名挟剑豆、大戈豆、刀鞘豆、刀板仁豆等，嫩荚和种子可供食用，但须先用盐水煮熟，然后换清水煮，方可食用，亦可做绿肥、覆盖作物及饲料。

症状

刀豆炭疽病侵染茎秆，病斑由黑色不规则形的小点扩展至全茎变黑（图2-90）。

图2-90 刀豆炭疽病的症状

病原

刀豆炭疽病的病原为平头刺盘孢[*Colletotrichum truncatum*（Schw.）Andr. et Moore]，分生孢子盘上刚毛黑色，大小为（1.8~2.1）μm×（52~54）μm（图2-91和图2-92），分生孢子两端弯曲，呈月牙形，无色，大小为（1.9~2.7）μm×（10.8~15.9）μm（图2-93）。

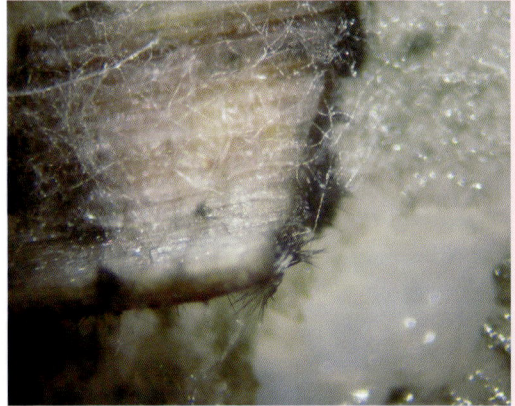

图2-91　刀豆炭疽病的病原（分生孢子盘及刚毛）

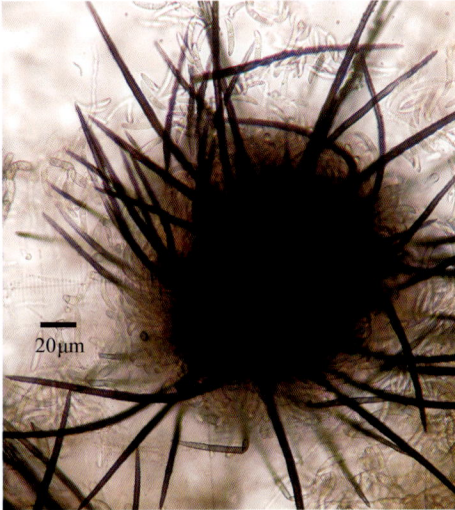

图2-92　刀豆炭疽病的病原（刚毛和分生孢子）

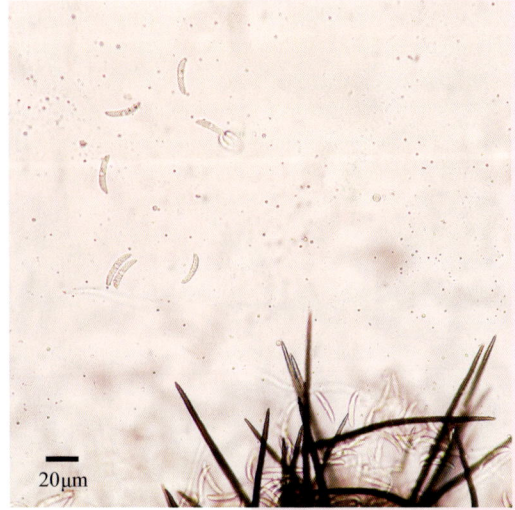

图2-93　刀豆炭疽病的病原（分生孢子）

蜡叶标本

YN19325。

3 云南省天然草地植物病害

云南省天然草地植物及其病害概述

这里的天然草地植物一部分为生长在原生态草地的植物，另一部分为其种质来自天然草地、人工种植于云南省多地的牧草试验基地、正在引种驯化的植物。这些草地植物虽不是生长在天然草地，但仍按天然草地植物对待。

来自天然草地的植物有：腾冲市腾越镇玉璧社区的东山农业开发公司东山牧场的白茅[*Imperata cylindrica* (L.) Beauv.]、短柄草[*Brachypodium sylvaticum* (Huds.) Beauv.]，昭通市巧家县的香茅[*Cymbopogon citratus* (DC.) Stapf.]，德宏傣族景颇族自治州盈江县的三芒草（*Aristida adscensionis* L.）和蛇含委陵菜（*Potentilla kleiniana* Wight et Arn.），保山市龙陵县的仙鹤草（*Agrimonia pilosa* Ldb.）。

种植于牧草试验基地的草地植物有：景洪市峨山彝族自治县宏发农业科技有限公司基地的紫羊茅（*Festuca rubra* L.），文山壮族苗族自治州砚山县者腊乡老龙村委会西崩村砚山实验站牧草资源圃的苇状羊茅（*Festuca arundinacea* Schreb.），腾冲市界头镇界明村牧草试验基地的野古草（*Arundinella anomala* Steud.）、孟加拉野古草[*Arundinella bengalensis* (Spreng.) Druce]、多花木蓝（*Indigofera amblyantha* Craib.）。

这些草地植物主要为禾本科植物，发生的病害以锈病为主，也有黑痣病、黑茎病和香柱病等。未发现危害严重的病害。

3.1 白茅黑痣病

分布

白茅黑痣病在腾冲市腾越镇玉璧社区的东山农业开发公司东山牧场、文山壮族苗族自治州砚山县者腊乡西崩村砚山试验站牧草资源圃均有发生，植株发病率80%。

症状

白茅黑痣病多发生于植株下部的老叶上，病斑呈梭形、较小、黑色、凸起、光滑，似油漆，又似痣（图3-1），导致叶片干枯（图3-2），每一个病斑都由大量小颗粒组成（图3-3）。

图3-1　白茅黑痣病的症状

图3-2　白茅黑痣病的症状（发病中期和后期）

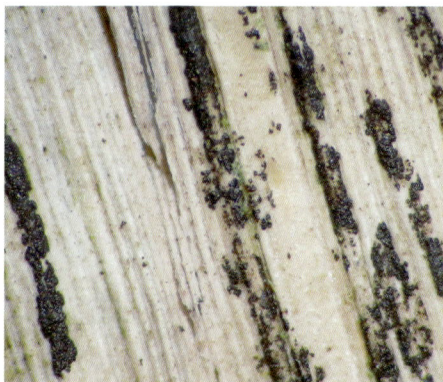

图3-3　白茅黑痣病的病原（黑色痣状物及小颗粒）

病原

白茅黑痣病的病原为尖孢黑痣菌（*Phyllachora oxyspora* Starbäck），子囊大小为（47.5～67.5）μm×（7.5～10）μm，子囊孢子下部针状渐尖，大小为（8.8～12.5）μm×7.5μm，侧丝线状，长于子囊（图3-4）。

尽管禾草黑痣病的病原为禾黑痣菌[*Phyllachora graminis* (Pers.) Fckl.]（薛福祥，2009），但在台湾地区，白茅黑痣病的病原鉴定为白茅黑痣菌（*Phyllachora imperaticola* Saw.）（南志标和李春杰，1994），而《中国真菌志》第四十二卷记载白茅黑痣菌应为尖孢黑痣菌的异名，本病曾发生于北京和云南易门（张中义和陈陶，2014）。

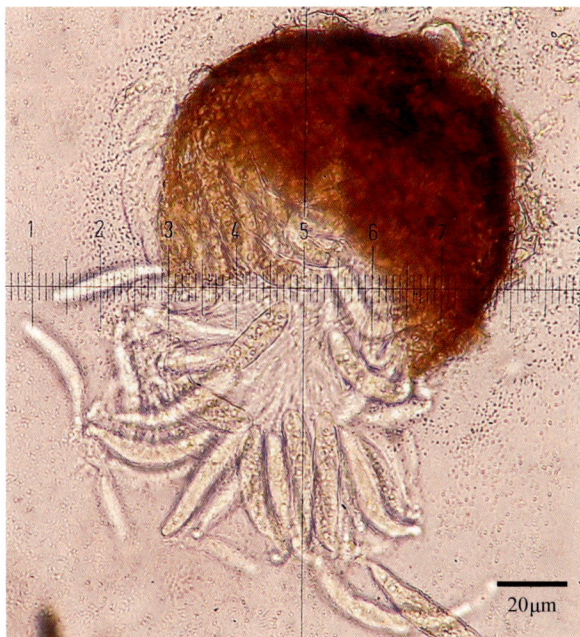

图3-4　白茅黑痣病的病原

蜡叶标本

YN19205。

3.2 白茅附球菌叶斑病——世界新病害

分布

　　白茅附球菌叶斑病在腾冲市腾越镇玉璧社区的东山农业开发公司东山牧场植株发病率为56.63%，叶片发病率可达70%。

症状

　　该病初期为黑色小点，后凸起、梭形。病斑上有黑色颗粒物，导致叶片干枯（图3-5）。该病与黑痣病的最大区别在于病斑粗糙，不光滑。

图3-5　白茅附球菌叶斑病的症状

病原

　　该病的病原为黑附球菌（*Epicoccum nigrum*），分生孢子座呈垫状，黑色（图3-6A），分生孢子梗紧密地生于子座表面，多为簇生；分生孢子单生，近球形，褐色，表面不光滑，砖格状分隔，大小为（4～6）μm×（10～12）μm（图3-6B）。纯培养下，菌落呈粉红色至橘黄色（图3-7A），菌落变白，絮状，产生黑色的颗粒物（图3-7B）。

　　附球菌属真菌可侵染燕麦、茶树和锦带花，引致叶斑病（Chen et al., 2019；Chen et al., 2020；Tian et al., 2021），但国内外尚无该菌侵染白茅的记录，故为世界新病害。附球菌属另一个种（*Epicoccum tobaicum* Qian Chen, Crous & L. Cai）在韩国曾引起樱花叶斑病（Han et al., 2021）。

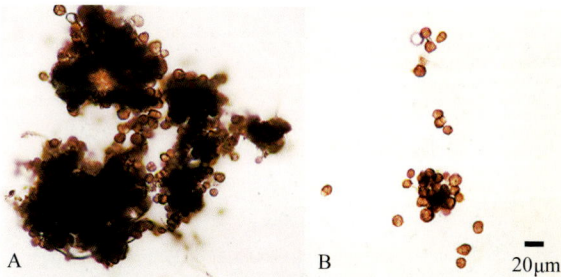

图3-6　白茅附球菌叶斑病的病原
A.团状的分生孢子　B.分散的分生孢子

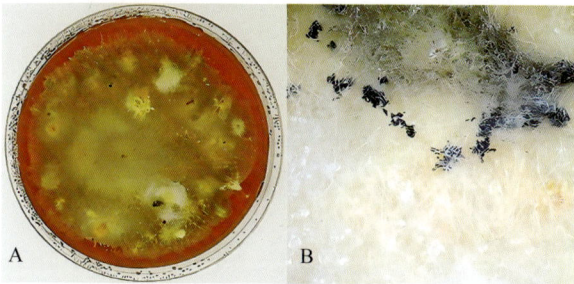

图3-7　白茅附球菌叶斑病的病原
A.纯培养下的菌落　B.分生孢子座

蜡叶标本

　　YN19214。

3.3 紫羊茅锈病

分布

紫羊茅锈病在景洪市峨山彝族自治县宏发农业科技有限公司基地的叶片发病率为60%。

症状

发生紫羊茅锈病的叶片上出现黄色椭圆形隆起的病斑，破裂后释放出黄褐色粉末（图3-8）。

图3-8 紫羊茅锈病的症状

病原

　　紫羊茅锈病的病原为狐茅柄锈菌（*Puccinia festucae* Plowright），夏孢子为单胞，鲜黄色，表面有细刺，呈球形至椭圆形，孢子大小为（25.12～27.66）μm×（29.40～31.75）μm（图3-9）。

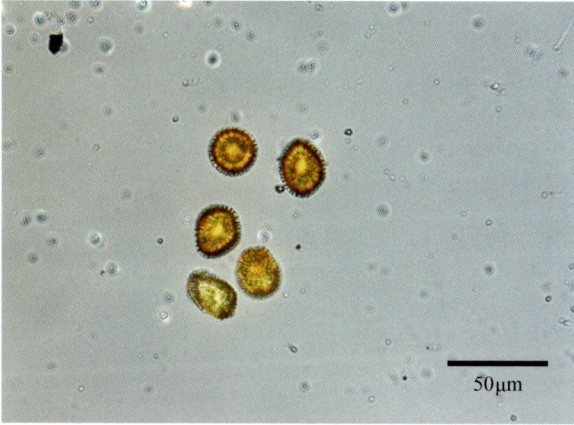

50μm

图3-9　紫羊茅锈病的病原（夏孢子）

蜡叶标本

　　YN19312。

3.4 苇状羊茅锈病

分布

  苇状羊茅锈病在文山壮族苗族自治州砚山县者腊乡西崩村砚山试验站牧草资源圃的发病率为30%（图3-10）。苇状羊茅的英文名为tall fescue、reed fescue，别名有高羊茅、苇状狐茅、膏狐茅和高牛尾草。

图3-10　田间栽培的苇状羊茅

症状

　　发生苇状羊茅锈病的叶片上出现红褐色病斑，开裂，释放出红褐色粉末（图3-11）。

图3-11　苇状羊茅锈病的症状

病原

　　苇状羊茅锈病的病原为狐茅柄锈菌（*Puccinia festucae* Plowright）（图3-12）。

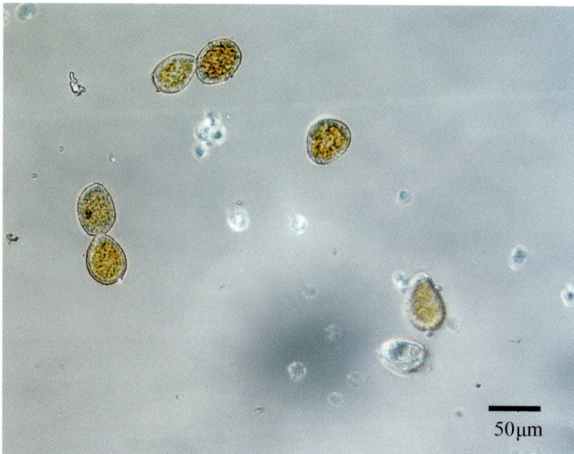

50μm

图3-12　苇状羊茅锈病的病原（夏孢子）

蜡叶标本

　　YN19292。

3.5 香茅壳针孢叶斑病——世界新病害

分布

香茅壳针孢叶斑病仅在昭通市巧家县巧家营村调查时发现过，发病率10%～30%。香茅野生于坡地。香茅属于禾本科香茅属，有柠檬香气，有药用价值，可提取植物精油，用于室内当芳香剂，香茅叶可用于制作粽子的包叶。

症状

香茅壳针孢叶斑病的病斑初为红色小点，逐渐扩大至梭形至带状紫红色大斑（图3-13），病斑中心变白，四周紫红色（图3-14），出现黑色颗粒物，发病叶片干枯（图3-15）。

图3-13 香茅壳针孢叶斑病的症状

图3-14 香茅壳针孢叶斑病的症状（病斑特征）

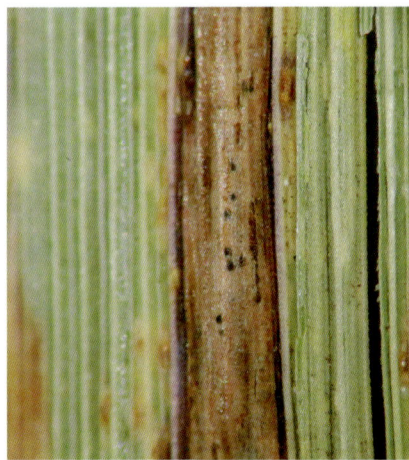

图3-15 香茅壳针孢叶斑病的症状（病部特征）

病原

香茅壳针孢叶斑病的病原为壳针孢（*Septoria* sp.），分生孢子器黄褐色至黑褐色，球形，分生孢子梭形，两端尖，有多个分隔（图3-16）。《中国真菌志》《中国草类植物病害名录》等可查阅到的文献中均未记录香茅属上的壳针孢引致病害（白金铠，2003），有文献记载了禾草上有多种壳针孢引致的病害，但未记载香茅上的壳针孢引致病害（陆家云，2001；薛福祥，2009），故此病为世界新病害。

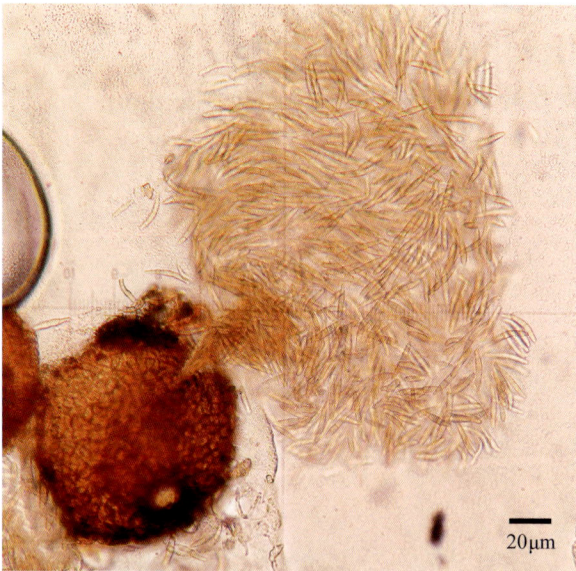

20μm

图3-16 香茅壳针孢叶斑病的病原

蜡叶标本

YN19095。

125

3.6 密序野古草锈病——世界新病害

分布

密序野古草锈病发生在腾冲市界头镇界明村牧草试验基地，植株发病率为26.67%，叶片发病率为36.01%。

症状

发病初期的病斑淡褐色、梭形、隆起，病斑周围褪绿变黄至黄褐色（图3-17），在叶片背面的病斑大于叶片正面，更明显，更容易被观察到（3-18）。

图3-17　密序野古草锈病的症状（发病部位）

图3-18　密序野古草锈病的症状（夏孢子堆）

病原

密序野古草锈病的病原为苞茅柄锈菌（*Puccinia hyparrheniae* Cummins），夏孢子为单胞，鲜黄色，表面有细刺，球形，孢子大小为 (6.12～8.66) μm × (6.40～8.75) μm（图3-19）。此病国内外均无记录，故为世界新病害。

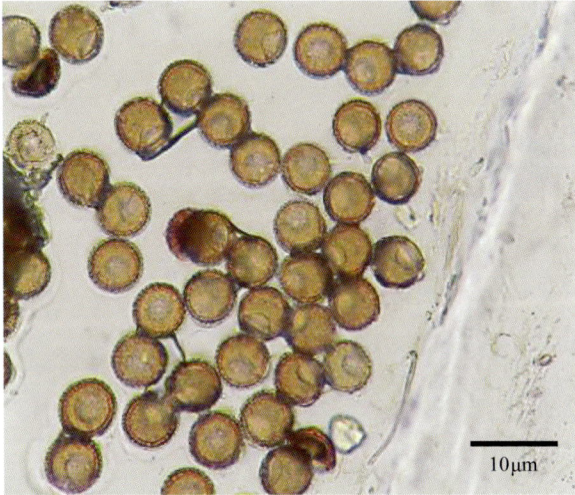

图3-19　密序野古草锈病的病原（夏孢子）

蜡叶标本

YN19206。

3.7 孟加拉野古草弯孢叶斑病——世界新病害

分布

孟加拉野古草弯孢叶斑病在腾冲市界头镇界明村牧草试验基地上的发病率为70%左右，在玉溪市元江哈尼族彝族傣族自治县也有发生。野古草是禾本科野古草属多年生草本植物，又称为密序野古草。

症状

叶片上先出现黑色小点，后由黑色小点发展为梭形大斑，有黑色霉层（图3-20）。

图3-20 孟加拉野古草弯孢叶斑病的症状

病原

孟加拉野古草弯孢叶斑病的病原为三叶草弯孢 [*Curvularia trifolii* (Kauffm.) Boedijin]，分生孢子梗深褐色，有横隔；分生孢子棍棒形，略微弯曲，褐色，有1～3个隔膜，脐部明显，大小为（5～15）μm×（3～4）μm（图3-21）。《中国真菌志》第三十卷记载了野古草上两种弯孢，其一为苍白弯孢（*Curvularia pallescens* Boedijin），发现于贵州遵义；其二为新月弯孢 [*Curvularia lunata* (Wakker) Boedijn]，发现于贵州遵义和吉林长春（张天宇，2010）。云南省未报道过弯孢属真菌引起的野古草病害，分子鉴定此菌为三叶草弯孢，我国也无三叶草弯孢所致孟加拉野古草的叶斑病，故为世界新病害。

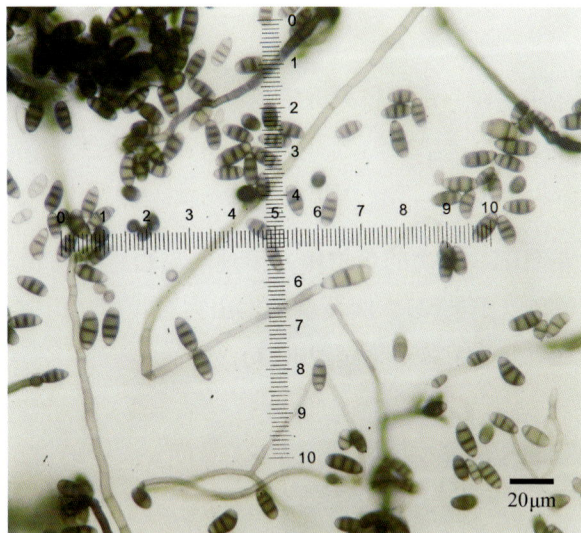

图3-21 孟加拉野古草弯孢叶斑病的病原

蜡叶标本

YN19208。

3.8 短柄草香柱病——中国新记录病害

分布

短柄草香柱病主要分布在腾冲市腾越镇玉璧社区。

症状

该病发生在茎部，发病的茎增粗，出现一层白色垫状物，隆起大量颗粒物，变淡黄色（图3-22），淡黄色结构由大量颗粒物组成（图3-23），仅生长于表面而茎内无明显变化（图3-24）。

图3-22 短柄草香柱病的症状（危害部位）

图3-23 短柄草香柱病的症状（病部表面特性）

图3-24 短柄草香柱病的症状（病部横切）

病原

短柄草香柱病的病原为香柱菌[*Neotyphodium typhina* (Pers.) Tul.= *Epichloë typhina* (Pers.) Tul.]，该病菌的子座呈淡黄色，缠绕在短柄草的叶鞘上，子囊壳埋生在子座内，子囊壳长卵形，大小为（300～450）μm×（100～300）μm，子囊细长，大小为（150～240）μm×（6～8）μm；子囊孢子无色，丝状且有隔膜，大小为（150～240）μm×（1.5～2）μm（图3-25）。

短柄草香柱病在印度、巴基斯坦、波兰均有报道（Muenko et al., 2008；Ahmad, 1978；Padwick and Wand, 1944），而在我国无报道，故该病害为我国新记录病害。

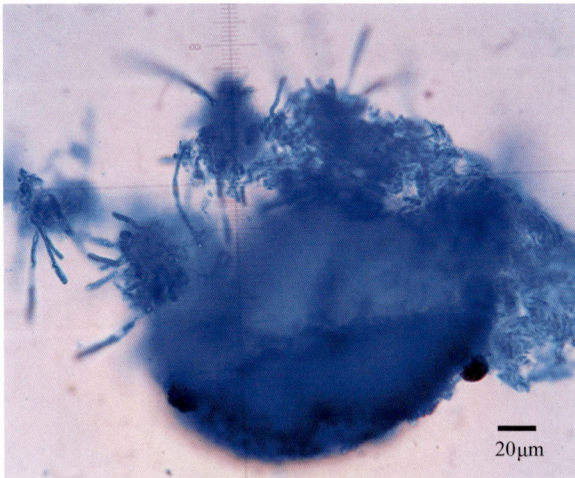

20μm

图3-25　短柄草香柱病的病原

蜡叶标本

YN19219。

3.9 仙鹤草锈病——世界新病害

分布

仙鹤草锈病在保山市龙陵县木城乡乌木寨村乌木山的植株发病率为46.67%，叶片发病率为38.38%。

症状

叶片正面出现橘黄色小点，而无孢子堆；孢子堆仅出现在叶片背面（图3-26），破裂后产生鲜黄色粉末状物（图3-27）。

图3-26 仙鹤草锈病的症状

图3-27 仙鹤草锈病的症状（叶片背面的夏孢子堆）

病原

仙鹤草锈病的病原为柄锈菌属真菌（*Puccinia* sp.），夏孢子单胞，淡黄色，表面光滑，球形或椭圆形，孢子大小为（3.12～5.66）μm×（2.40～3.50）μm（图3-28）。此病在国内外均无报道，为世界新病害。

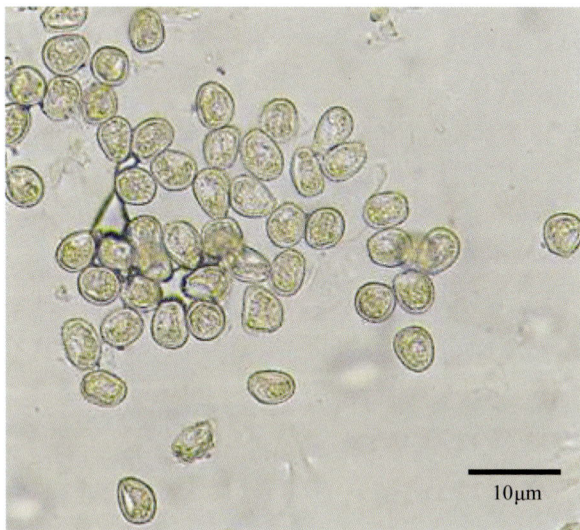

图3-28　仙鹤草锈病的病原

蜡叶标本

YN19247。

3.10 多花木蓝茎点霉黑茎病——世界新病害

分布

　　多花木蓝茎点霉黑茎病仅在腾冲市界头镇界明村的牧草试验基地发生。多花木蓝属于豆科木蓝属的落叶乔木，分布于我国陕西省，生于海拔1 690m的林间，花序大、小花多，颜色淡红，花期长，是一种抗性强的水土保持树种，又是较好的饲用灌木、蜜源植物和庭园绿化植物。

症状

　　多花木蓝茎点霉黑茎病危害茎秆，使皮层变黑，有黑色小颗粒（图3-29）。

图3-29　多花木蓝茎点霉黑茎病的症状

病原

多花木蓝茎点霉黑茎病的病原为茎点霉属真菌（*Phoma* sp.），分生孢子器球形，褐色，有圆形孔口，大小为（73～75）μm×（95～100）μm；分生孢子椭圆形，无色，单胞，无隔膜，大小为（1.5～2.1）μm×（3.5～4.2）μm（图3-30）。目前国内外尚无文献记载茎点霉属真菌引起多花木蓝黑茎病的报道，故为世界新病害。

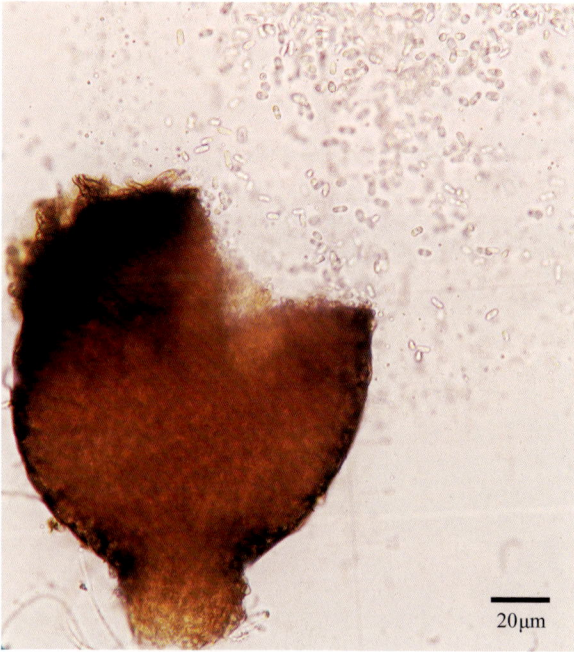

图3-30　多花木蓝茎点霉黑茎病的病原

蜡叶标本

YN20327。

3.11 蛇含委陵菜白锈病——世界新病害

分布

蛇含委陵菜白锈病主要分布在盈江县苏典傈僳族乡黄草坝，该病害植株发病率为83.33%，叶片发病率为85.12%。

症状

叶片正面出现淡黄色斑点，稍隆起，破裂后散出白色粉末（图3-31），叶片背面的隆起更大（图3-32），粉末成团（图3-33）。

图3-31 蛇含委陵菜白锈病的症状

图3-32 蛇含委陵菜白锈病的症状（叶片背面）

图3-33 蛇含委陵菜白锈病的症状（叶片背面成团的粉
状物）

病原

　　蛇含委陵菜白锈病的病原为白锈菌[*Albugo candida* (Pers.) Kuntze]，叶片背面产生成堆的疱状白色孢子囊，卵孢子近球形，淡褐色，表面具有瘤状突起，大小为（33～48）μm×（33～51）μm（图3-34）。国内外无白锈菌引致蛇含委陵菜白锈病的报道，故该病害为世界新病害。

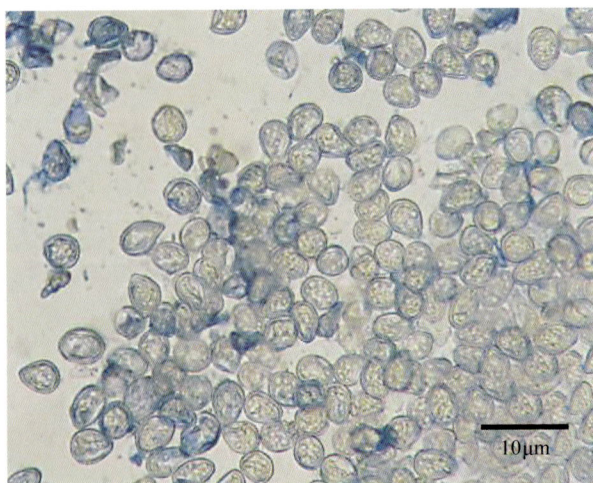

图3-34　蛇含委陵菜白锈病的病原

蜡叶标本

　　YN19228。

参考文献
REFERENCES

巴尼特 HL, 享特 BB, 1972. 半知菌属图解 [M]. 沈崇尧, 译. 北京：科学出版社.

白金铠, 2003. 中国真菌志 第十七卷 球壳孢目 壳二胞属 壳针孢属 [M]. 北京：科学出版社.

郭林, 2000. 中国真菌志 第十二卷 黑粉菌科 [M]. 北京：科学出版社.

李彦忠, 南志标, 张志新, 等, 2011. 沙打旺黄矮根腐病在我国北方 5 省区的分布与危害 [J]. 草业学报, 20（2）：39-45.

李彦忠, 俞斌华, 徐林波, 2016. 紫花苜蓿病害图谱 [M]. 北京：中国农业科学技术出版社.

陆家云, 2001. 植物病原真菌学 [M]. 北京：中国农业出版社.

南志标, 李春杰, 1994. 中国牧草真菌病害名录 [J]. 草业科学, 11（S）：3-30.

商鸿生, 贾明贵, 1990. 白三叶黄斑病的发现和病原菌鉴定 [J]. 草业科学, 7（2）：35-36.

王云章, 庄剑云, 1998. 中国真菌志 第十卷 绣菌目（一）[M]. 北京：科学出版社.

魏景超, 1979. 真菌鉴定手册 [M]. 上海：上海科学技术出版社.

许天委, 郝慧华, 吴小霞, 2017. 海南省高尔夫球场草坪真菌病害调查及防治 [J]. 河南农业科学, 46（12）：85-90.

薛福祥, 2009. 草地保护学第三分册牧草病理学 [M]. 北京：中国农业出版社.

尹俊, 1996. 云南牧草有害生物 [M]. 昆明：云南科技出版社.

张驰成, 2016. 热带牧草真菌病害调查, 病原鉴定及基础生物学特性研究 [D]. 海口：海南大学.

张光宇 , 孙广宇 , 2009. 中国真菌志 第三十一卷 暗色砖格分生孢子真菌 26 属 [M]. 北京 : 科学出版社 .

张陶 , 张中义 , 刘云龙 , 等 , 1998. 云南省国外引种牧草、草坪病害研究 II、禾本科牧草、草坪真菌病害 [J]. 云南农业大学学报 , 13（1）: 78-83.

张天宇 , 2010. 中国真菌志 第三十卷 蠕形分生孢子真菌 [M]. 北京 : 科学出版社 .

张中义 , 陈陶 , 2014. 中国真菌志 第四十六卷 黑痣菌属 [M]. 北京 : 科学出版社 .

章武 , 胡美姣 , 高兆银 , 2016. 草坪草红丝病与粉斑病病原菌生物学特性研究与杀菌剂室内毒力测定 [J]. 草业学报 , 25（12）: 140-149.

赵杏利 , 牛永春 , 邓晖 , 2013. 河南省五种常见禾本科杂草病原真菌种类调查与部分菌株的致病性测定 [J]. 植物保护 , 39（1）: 128-132.

赵震宇 , 李春杰 , 2014. 草类植物病害诊断手册 [M]. 南京 : 江苏科学技术出版社 .

郑儒永 , 1987. 中国真菌志 第一卷 白粉菌目 [M]. 北京 : 科学出版社 .

庄剑云 , 2005. 中国真菌志 第二十五卷 锈菌目（三）[M]. 北京 : 科学出版社 .

庄剑云 , 2017. 中国真菌志 第十九卷 锈菌目（二）[M]. 北京 : 科学出版社 .

Ahmad S, 1978. Ascomycetes of Pakistan, Part I [M]. Pakistan: Society at the Biological Laboratories.

Chen H, White JF, C. L.,2019. First report of *Epicoccum layuense* causing brown leaf spot on oat（*Avena sativa*）in northwestern China [J]. Plant Disease, 104（3）: 1-3.

Chen Y, Wan Y, Zou L, et al, 2020. First report of leaf spot disease caused by *Epicoccum layuense on Camellia sinensis* in Chongqing, China [J]. Plant Disease, 104（7）: 1-5.

Davis R, Parbery DG, 1991. A world list of fungal diseases of tropical pasture species [J]. Australasian Plant Pathology, 20（3）: 122-124.

Farrell G, Simons SA, Hillocks RJ., 2002. Pests, diseases and weeds of Napier grass, *Pennisetum purpureum*: A review [J]. Pans Pest Articles & News Summaries, 48（1）: 39-48.

Han VC, Yu NH, Yoon H, et al, 2021. First report of *Epicoccum tobaicum* associated with leaf spot on flowering cherry in South Korea [J]. Plant Disease, 105（9）: 2734.

Kissing Kucek. L, Riday. H, Rufener. BP, et al, 2020. Pod dehiscence in hairy vetch（*Vicia villosa* Roth）[J]. Φροντιερσιν πλαντ Σχιενχε, 11（82）: 1-10.

Koike ST, Smith RF, Crous PW, 2004. Leaf and stem spot caused by *Ramularia sphaeroidea* on purple and lana woollypod vetch（*Vicia* spp.）cover crops in California. [J]. Plant Disease, 88（2）: 221.

Li YZ, Nan ZB, 2007. A new species, *Embellisia astragali* sp. nov., causing standing milk-vetch disease in China [J]. Mycologia, 99（3）: 406-411.

Liu T, Xu Y, Zhang J, 2018. First report of *Curvularia lunata* causing leaf spot on Hybrid *Pennisetum* in South China [J]. Plant Disease, 102（10）: 2040-2040.

Muenko W, Majewski T, Ruszkiewicz-Michalska M, 2008. A preliminary checklist of Micromycetes in Poland [M]. A Preliminary Checklist of Micromycetes in Poland.

Padwick GW, A. K, 1944. Notes on Indian fungi. II [M]. India: Imperial Mycological Institute.

Patil PL, Kulkarni NB, More BB, 1966. *Curvularia* leaf blight of bajra（*Pennisetum typhoides* Stapf.）in India [J]. Mycopathologia et mycologia applicata, 28（4）: 348-352.

Review B, 1920. Wilt of white clover, due to *Brachysporium trifolii* by L. Bonar [J]. Rivista Di Patologia Vegetale, 10（10）: 144.

Shi M, Li YZ, 2021. First report of leaf spot caused by *Ramularia sphaeroidea* on *Vicia villosa* var. *glabrescens* in China [J]. Plant Disease, 105（12）: 4159.

Tian Y, Zhang Y, Qiu C, Z. L, 2021. First report of leaf spot of weigela florida caused by *Epicoccum layuense* in China [J]. Plant Disease, 105（3）: 2243.

Wong P, Dong C, Martin P, et al, 2015. Fairway patch-a serious emerging disease of couch（*Cynodon dactylon*）and kikuyu（*Pennisetum clandestinum*）turf in Australia caused by *Phialocephala bamuru* PTW Wong & C. Dong sp. nov [J]. Australasian Plant Pathology, 44（1）: 545-555.

Xu G, Zheng F, Ma R, et al, 2018. First report of *Curvularia lunata* causing leaf spot of *Pennisetum hydridum* in China [J]. Plant Disease, 102（11）: 2372-2372.

Yan ZC, Zhang WZ, Duan TY, 2019. First report of leaf spot caused by *Stemphylium vesicarium* on *Vicia villosa* in China [J]. Plant Disease, 103（5）: 1039.

附录1　云南省牧草害虫

云南省的牧草害虫概述

　　蛴螬是云南省多地最主要的地下害虫，尤其云南中部地区，其幼虫长期生活在土壤里，不仅啃食鸭茅、紫花苜蓿等各种牧草，而且啃食各种农作物的根部，其成虫为有翅的甲壳虫即金龟甲，在地上生活，白天栖息于植物叶片下，取食向日葵的花盘和各种植物的叶片，傍晚在树丛间群集、飞翔、交配，将卵产于土壤里，孵化后危害植物的根部。黏虫和草地贪夜蛾主要取食玉米和苏丹草，是玉米上最主要的害虫，尤其草地贪夜蛾钻蛀入玉米的新叶内，危害更甚。紫花苜蓿上危害最普遍严重的害虫为蓟马，全年危害，尤其返青初期和每茬刈割后，导致叶片皱缩。蚜虫和螨在豆科牧草上发生普遍，但危害不严重。一种跳甲在非洲狗尾草的穗部数量大，对其种子生产有影响。

1.1 蛴螬

识别特征和生活史

蛴螬是金龟甲总科昆虫幼虫的总称，识别特征为体型呈"C"字形，即弯曲，胸部有三对足，而腹部无足，腹部肥大。其他特征：身体多为白色，少数为黄白色，体壁较柔软多皱，体表疏生细毛，头大而圆，多为黄褐色，生有左右对称的刚毛（附图1-1）。

附图1-1 鸭茅草地土壤里的蛴螬

蛴螬是四大类地下害虫中种类最多的，包括17科，全球约27 000种，我国有60余种，我国各地的优势种不同。蛴螬是分布最普遍的一类害虫，几乎所有植物生长环境的土壤里都有蛴螬，也是为害最重的一类害虫，几乎所有植物均被取食，以植物的根、根颈和播种的种子为食，导致植物的根残缺不全，被啃断，最终致植株死亡。

其他三类地下害虫为金针虫（鞘翅目叩头甲科的幼虫）、蝼蛄（直翅目蝼蛄科）和地老虎（鳞翅目夜蛾科切根夜蛾亚科）。

我国的金龟总科昆虫（蛴螬）主要有华北大黑鳃金龟、东北大黑鳃金龟、暗黑鳃金龟、黑绒鳃金龟、黄褐丽金龟、铜绿丽金龟等。云南发生的金龟甲中仅花金龟亚科有10族47属140种11亚种。云斑鳃金龟（*Polyphylla laticolls* Lewis）是云南多地最主要的金龟甲，又名大云斑金龟、大理石须金龟。

蛴螬发育为蛹，蛹发育为成虫金龟甲，钻出土壤，在地上生活、交配，将卵产至土壤里，卵孵化为蛴螬，整个发育经过卵—幼虫（蛴螬）—蛹—成虫（金龟甲），共4个阶段，需要1～3年（因种类不同而异），其中，除成虫之外均生活在土壤里，成虫也可取食植物，但幼虫期为害植物的时间最长，而卵和蛹不食不动，无法为害植物。

分布与害状

云南省调查的各地区的各类草地上均有蛴螬。

牧草植株枝叶枯黄，植株死亡。当出现这个情况时，挖开土壤，观察根部土壤里是否有蛴螬，根部是否被啃食。

2013年在云南省草地动物科学研究院位于小哨的试验基地，发现生长4年的鸭茅草地上大量植株枯死时（附图1-2），挖开土壤发现每株下有3～8头蛴螬，根几乎被啃食掉，轻轻一拔，植株就脱离了土壤。在腾冲的东山牧场等放牧草地，蛴螬也非常普遍。

紫花苜蓿、沙打旺、红豆草的根为直根系，与鸭茅等禾本科牧草不同，蛴螬造成的害状为：皮层被啃食而缺失小部分至较大面积，阻断地上营养向根部输送，植株生长日渐衰退，当皮层被啃食一圈后导致植株死亡。播种的种子出苗少，出苗后幼苗突然死亡，也可能与蛴螬等地下害虫的为害有关。

牧草的植株枝叶枯黄甚至死亡的原因除地下害虫之外，还有根腐病。因此，当发生这种情况时未发现地下害虫，则考虑是否为根腐病所致。

附图1-2 鸭茅被蛴螬为害状

1.2 蚜虫

识别特征和生活史

蚜虫为半翅目（原来属于同翅目）蚜亚目昆虫的统称，小型昆虫，因日常生活环境里非常普遍，妇孺皆知，又称腻虫、蜜虫。

蚜虫的发育过程有卵—若虫—成虫共3个阶段，为害植物的阶段为若虫期和成虫期，三对足，颜色有绿色、黑色、黄色等，刺吸式口器，即刺穿植物，吸食植物的汁液。

大部分时期孤雌生殖，即蚜虫个体即可繁殖后代，也可两性生殖，即雌雄交配后产生后代，通常在秋季越冬前两性生殖，以产生的卵越冬，次年孵化成若虫后取食植物，繁殖后代，每头蚜虫孤雌生殖可产卵近百粒，一年繁育10～30代（因不同种而异）。

全球蚜虫共有10个科，约4 400种，其中250余种为农作物和园艺植物的主要害虫。几乎所有植物上均有蚜虫，而不同植物上蚜虫的种类各有不同，而且，同一种植物上有多种蚜虫种类。苜蓿、白三叶草、红三叶草等豆科牧草上的蚜虫有：苜蓿蚜（附图1-3）、苜蓿斑蚜（附图1-4、附图1-5）、豆无网长管蚜等，与豆科农作物上的种类相同或相近；禾本科牧草上的蚜虫有：麦长管蚜、麦二叉蚜、禾谷缢管蚜、麦无网长管蚜等（附图1-6），与麦类粮食作物上的种类相同。

附图1-3　苜蓿上的蚜虫（苜蓿蚜）

附图1-4　苜蓿上的蚜虫（苜蓿斑蚜成虫）

附图1-5　苜蓿上的蚜虫（苜蓿斑蚜若虫）

附图1-6　黑麦草上的蚜虫

分布与害状

云南各地的各类牧草上均有蚜虫。

蚜虫的为害有三个方面。一是直接损耗植物的养分。蚜虫喜食幼嫩部位，主要为害豆科牧草的幼小叶片、叶柄或枝条顶端的茎，禾草上的叶鞘、叶片、果穗等，蚜虫口器刺吸处出现褪绿小点，大量蚜虫为害后导致受害部位干枯，由于蚜虫刺吸植物组织时还分泌酶类等，故受害叶片多卷曲、不平展。二是污染植物。蚜虫吸食的植物汁液中大部分糖分通过尾部的马氏管排泄出来，植物表面被污染，滋生霉污病，影响光合作用。三是蚜虫是传播植物病毒病的主要昆虫类别。蚜虫直接刺吸植物的营养，对植物的影响远不及其传播多种病毒病造成的损害，故防治病毒病以防治蚜虫等刺吸式口器害虫为主。

在云南各地的调查中，虽然各种牧草上的蚜虫发生普遍，但均未出现严重为害的状况。

1.3 紫花苜蓿上的蓟马

识别特征与生活史

　　蓟马为缨翅目昆虫，个体极小，若虫黄色，成虫黑色，肉眼不易被观察到。全世界已知280余属2 000余种，我国蓟马科昆虫79属315种。牧草上最主要的蓟马是紫花苜蓿上的蓟马，是全国范围内所有苜蓿栽培地区为害最重的一类害虫，主要为西花蓟马（即苜蓿蓟马）（附图1-7），已知寄主植物500余种，其他还有豆蓟马、花蓟马、烟蓟马、牛角花齿蓟马、华简管蓟马、普通蓟马、稻管蓟马、草木樨近绢蓟马、苜端带蓟马等，但不同地区的优势蓟马种类各异。禾草上也有蓟马为害。

　　蓟马的发育过程有卵、若虫和成虫，而若虫和成虫均取食植物，卵在土壤表面。每年繁殖10代左右。蓟马的口器为锉吸式口器，即锉伤植物表皮，使植物汁液渗出后吸食。蓟马生活在植物表面，可飞翔，可跳跃，不易被捕获。

附图1-7　紫花苜蓿上的蓟马

分布与害状

云南各紫花苜蓿种植地区均有蓟马。

由于蓟马喜食幼嫩部位，故多为害紫花苜蓿的顶梢叶片，尤其喜欢钻入枝条顶尖的生长点部位锉吸汁液，导致新叶展开时皱缩，布满白斑，为害严重的叶片褪绿变黄，形成不规则的大斑（附图1-8）。蓟马更喜食紫花苜蓿的花器、柱头，破坏花粉，对紫花苜蓿的种子生产影响极大。

确定紫花苜蓿上是否有蓟马及蓟马数量多少的方法为：拍打枝叶，使枝叶上的昆虫掉落到一张白纸或白布上，再观察和统计。如果需要准确调查蓟马数量，可用粘虫板或在一块木板上涂抹凡士林，使蓟马粘在板上。

附图1-8　紫花苜蓿上的蓟马害状

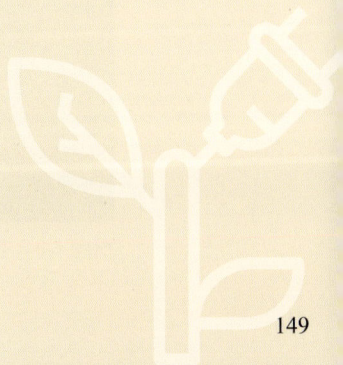

1.4 黏虫

识别特征与生活史

黏虫为鳞翅目夜蛾科昆虫，为暴发性食叶害虫，暴发时数日内遍地布满幼虫，喜食禾本科植物，能将小麦、玉米等禾本科植物的叶片吃光，只剩余光秆和叶柄，数日后又全部消失，钻入土壤化蛹，发育整齐一致。黏虫也是潜飞性昆虫，即可远距离迁移，黏虫在我国北方北纬33℃以北地区不能越冬，此区域以南则可以越冬。黏虫在云南主要为害玉米、苏丹草，而不为害紫花苜蓿等豆科牧草。

黏虫的发育过程包括卵、幼虫、蛹和成虫，只有幼虫取食植物，成虫吸食花蜜和露水，交配产卵后很快死亡。卵和蛹在土壤中。幼虫从卵孵化至化蛹共脱皮6次，即分6龄，随着虫龄增大，食量增大，其中5～6龄期为暴食期，是为害植物最大的时期。老熟幼虫体背有6条从头部至尾部不同颜色的线条（附图1-9），易于与其他害虫区别。

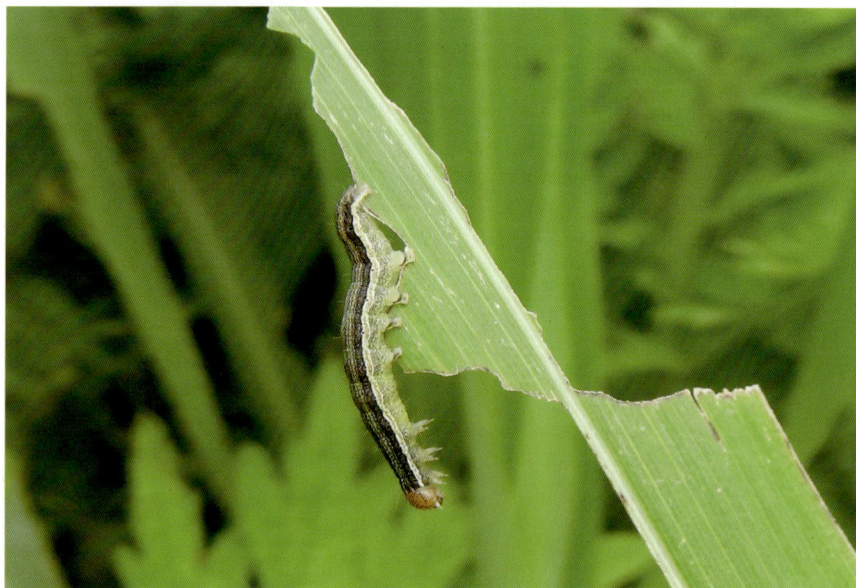

附图1-9　苏丹草上的黏虫及害状

分布与害状

昆明市寻甸回族彝族自治县发生过黏虫害。

从卵孵化出的幼虫啃食叶片表皮，造成皮层缺失，称为"天窗"，3龄后的幼虫取食叶片，从叶片边缘开始蚕食，造成"缺刻"，即叶片缺少了部分、大部分，甚至只留下主脉或叶柄（附图 1-10）。黏虫不能钻蛀为害玉米的心叶。在云南调查多次均未见黏虫暴发成灾的情况。

附图 1-10　黏虫在玉米上的害状

1.5 玉米螟

识别特征与生活史

玉米螟为鳞翅目螟蛾科昆虫，以为害玉米为主，也可为害谷子、棉花、马铃薯、向日葵、麦类、高粱等其他多种植物。老熟幼虫的头、前胸背板呈深褐色，体黄白色至淡红褐色，体背有3条褐色纵线（附图1-11）。

附图1-11　玉米上的玉米螟及害状

分布与害状

玉米螟在昆明市寻甸回族彝族自治县发生过。

玉米螟为害玉米的方式为钻蛀玉米心叶，造成未展开的叶片受伤，叶片生长展开后则出现一排排空洞（附图1-12、附图1-13）。

附图1-12　玉米螟在玉米上的害状

附图1-13　玉米螟为害的玉米叶片

1.6 草地贪夜蛾

识别要点与生活史

草地贪夜蛾为鳞翅目夜蛾科昆虫，为我国外来入侵生物之一，也是暴发性食叶害虫、迁飞性害虫。自2019年由云南最早发现后，现已分布于18个省份。主要为害玉米和水稻，也可为害禾本科甘蔗、十字花科等多种农作物。

幼虫的头部有一倒"Y"字形的白色缝线，老熟幼虫时变为黄色，腹部末节有呈正方形排列的4个黑斑，体呈黑色（附图1-14）。草地贪夜蛾发育的速度会随着气温的提升而变快，一年可繁衍数代，一只雌蛾即可产下超过1 000颗卵。

附图1-14　草地贪夜蛾及其在玉米上的害状

分布与害状

在德宏傣族景颇族自治州盈江县的象草和玉米上发生过。

草地贪夜蛾在玉米叶上造成半透明膜"肠孔"和不规则的长孔（附图1-15），或者会把整个玉米叶都吃光，严重时玉米生长点可能会死亡。一株玉米心叶中只有1头幼虫，极少有2头或2头以上的情况。

附图1-15 草地贪夜蛾在玉米叶片上的害状

1.7 非洲狗尾草上的跳甲

识别特征与生活史

跳甲为鞘翅目叶甲科昆虫。虫体圆形，金色光泽（附图1-16），善跳跃。生活史未知。

分布与害状

曾发生于保山市龙陵县的非洲狗尾草穗部（附图1-17）。

附图1-16　非洲狗尾草穗部的一种
　　　　　跳甲

附图1-17　一种跳甲为害非洲狗尾草
　　　　　的穗部

附录2 云南省牧草病害调查时间、地点和参与人员

第一次调查

时间：2013年9月3—16日

地点：迪庆藏族自治州香格里拉市小中甸镇，昆明市官渡区小哨乡云南省草地动物科学研究院牧草试验基地

参与人员：李彦忠、钟声、廖祥龙、于应文、陈功、徐杉

第二次调查

时间：2019年1月15—24日

地点：昆明市寻甸回族彝族自治县，保山市腾冲市，德宏傣族景颇族自治州盈江县、芒市，曲靖市马龙区

参与人员：李彦忠、高峰、史敏、刘慧、钟声、廖祥龙

第三次调查

时间：2019年6月17—28日

地点（按时间依次为）：曲靖市沾益区和罗平县，昆明市寻甸回族彝族自治县雀吃沟村，楚雄彝族自治州大姚县，保山市腾冲市界头镇，德宏傣族景颇族自治州盈江县苏典乡、平原镇、旧城镇，保山市龙陵县

参与人员：李彦忠、钟声、李世平、史敏、张梨梨

第四次调查

时间：2019年12月11—19日

参与人员：李彦忠、薛世明、张美艳、李世平、史敏、陈明君

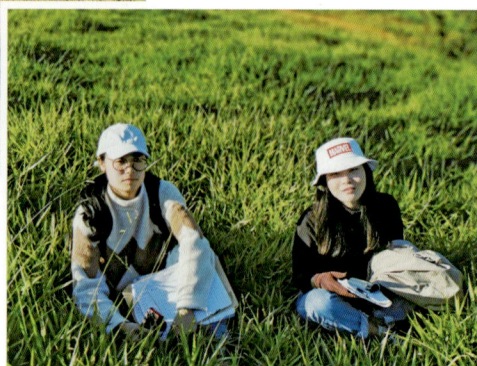

第五次调查

时间：2020 年 12 月 17—26 日

地点：楚雄彝族自治州元谋县，玉溪市元江哈尼族彝族傣族自治县，普洱市思茅区，曲靖市沾益区、马龙区，昭通市巧家县，昆明市寻甸回族彝族自治县

参与人员：李彦忠、钟声、张美艳、李世平、史敏、安俊霞、张博琰（硕士研究生，导师为薛世明研究员）

附录 3 调查剪影

A. 现场培训当地技术人员

B. 查找、调查病害

C. 拍照、记录调查结果

D. 风雨无阻